과학탐구 영역 (화학 I)

| 성명 | | 수험 번호 | | — | | 제 [ ] 선택 |

---

1. 다음은 일상생활에서 사용되고 있는 물질에 대한 자료이다.

> ○ ㉠에탄올(C_2H_5OH)은 의료용 소독제로 이용된다.
> ○ ㉡폼알데하이드($HCHO$)는 가구용 접착제의 원료로 이용된다.
> ○ ㉢액화 천연 가스(LNG)를 연소시켜 물을 끓인다.

이에 대한 설명으로 옳은 것만을 〈보기〉에서 있는 대로 고른 것은?

> ──〈보 기〉──
> ㄱ. ㉠을 물에 녹이면 산성 수용액이 된다.
> ㄴ. ㉠과 ㉡은 모두 탄소 화합물이다.
> ㄷ. ㉢의 연소 반응은 흡열 반응이다.

① ㄴ ② ㄷ ③ ㄱ, ㄴ ④ ㄱ, ㄷ ⑤ ㄴ, ㄷ

---

2. 그림은 2주기 원소 W~Z로 구성된 분자 (가)와 (나)의 공유 전자쌍을 루이스 전자점식으로 나타낸 것이다. (가)와 (나)의 모든 원자는 옥텟 규칙을 만족한다.

$$W::X::W \qquad Y:X::Z$$

(가) (나)

이에 대한 설명으로 옳은 것만을 〈보기〉에서 있는 대로 고른 것은? (단, W~Z는 임의의 원소 기호이다.)

> ──〈보 기〉──
> ㄱ. 비공유 전자쌍 수는 (가)와 (나)가 같다.
> ㄴ. (가)에는 무극성 공유 결합이 있다.
> ㄷ. 결합각은 (가)와 (나)가 같다.

① ㄱ ② ㄴ ③ ㄱ, ㄷ ④ ㄴ, ㄷ ⑤ ㄱ, ㄴ, ㄷ

---

3. 표는 2. 3주기 원소 A~D로 구성된 3가지 이온 결합 물질에 대한 자료이다.

이온 결합 물질	A_2C	AD	BD_2
1 mol에 들어 있는 전체 전자의 양(mol)	14	20	46

이에 대한 설명으로 옳은 것만을 〈보기〉에서 있는 대로 고른 것은? (단, A~D는 임의의 원소 기호이다.)

> ──〈보 기〉──
> ㄱ. A~D에서 2주기 원소는 3가지이다.
> ㄴ. B는 금속 원소이다.
> ㄷ. 녹는점은 AD가 NaCl보다 높다.

① ㄴ ② ㄷ ③ ㄱ, ㄴ ④ ㄱ, ㄷ ⑤ ㄴ, ㄷ

---

4. 다음은 학생 A가 수행한 탐구 활동이다.

> 〔가설〕
> ○ 금속 결합 물질은 이온 결합 물질과 달리 [㉠]
>
> 〔탐구 과정 및 결과〕
> ○ 금속 결합 물질과 이온 결합 물질을 찾은 후, 각 물질의 고체 상태 및 액체 상태에서 전기 전도성 여부를 조사하고 표로 정리한다.
>
> | 물질 | | Na | Cu | NaCl | MgO |
> |---|---|---|---|---|---|
> | 전기 전도성 | 고체 | 있음 | 있음 | 없음 | 없음 |
> | | 액체 | 있음 | 있음 | 있음 | 있음 |
>
> 〔결론〕
> ○ 가설은 옳다.

학생 A의 결론이 타당할 때, 다음 중 ㉠으로 가장 적절한 것은? [3점]

① 액체 상태에서 전기 전도성이 있다.
② 액체 상태에서 전기 전도성이 없다.
③ 고체 상태에서 전기 전도성이 있다.
④ 고체 상태에서 전기 전도성이 없다.
⑤ 수용액 상태에서 전기 전도성이 있다.

---

5. 표는 25℃에서 밀폐된 진공 용기에 $I_2(s)$을 넣은 후 시간에 따른 ㉠의 양(mol)에 대한 자료이다. ㉠은 $I_2(s)$과 $I_2(g)$ 중 하나이고, $2t$일 때 $I_2(s)$과 $I_2(g)$은 동적 평형 상태에 도달하였으며, $a > b > 0$이다.

시간	t	$2t$	$3t$
㉠의 양(mol)	a	0.6	b

이에 대한 설명으로 옳은 것만을 〈보기〉에서 있는 대로 고른 것은? (단, 온도는 25℃로 일정하다.) [3점]

> ──〈보 기〉──
> ㄱ. ㉠은 $I_2(g)$이다.
> ㄴ. t일 때 $\dfrac{I_2(s)\text{이 } I_2(g)\text{으로 승화되는 속도}}{I_2(g)\text{이 } I_2(s)\text{으로 승화되는 속도}} > 1$이다.
> ㄷ. $b < 0.6$이다.

① ㄱ ② ㄴ ③ ㄷ ④ ㄱ, ㄷ ⑤ ㄴ, ㄷ

6. 그림은 2주기 바닥상태 원자 W~Z의 원자가 전자가 느끼는 유효 핵전하에 따른 제2 이온화 에너지를 나타낸 것이다. 홀전자 수는 X와 Z가 같다.

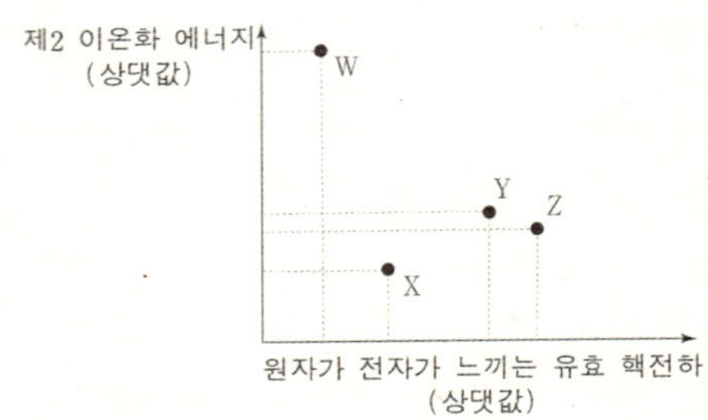

이에 대한 설명으로 옳은 것만을 〈보기〉에서 있는 대로 고른 것은? (단, W~Z는 임의의 원소 기호이다.)

〈보 기〉
ㄱ. X는 B이다.
ㄴ. 제1 이온화 에너지는 Y > Z > X이다.
ㄷ. 원자 반지름은 W > X > Y이다.

① ㄱ   ② ㄴ   ③ ㄱ, ㄷ   ④ ㄴ, ㄷ   ⑤ ㄱ, ㄴ, ㄷ

7. 표는 2주기 원소 W~Z로 구성된 분자 (가)~(다)에 대한 자료이다. (가)~(다)의 모든 원자는 옥텟 규칙을 만족한다.

분자	구성 원소	분자당 구성 원자 수	중심 원자
(가)	W, X, Y	4	W
(나)	X, Y	3	Y
(다)	X, Y, Z	3	㉠

이에 대한 설명으로 옳은 것만을 〈보기〉에서 있는 대로 고른 것은? (단, W~Z는 임의의 원소 기호이다.)

〈보 기〉
ㄱ. 전기 음성도는 W가 ㉠보다 크다.
ㄴ. (가)의 분자 모양은 평면 삼각형이다.
ㄷ. (나)와 (다)에서 Y는 모두 부분적인 양전하(δ^+)를 띤다.

① ㄱ   ② ㄴ   ③ ㄱ, ㄷ   ④ ㄴ, ㄷ   ⑤ ㄱ, ㄴ, ㄷ

8. 다음은 서로 다른 2, 3주기 14~16족 바닥상태 원자 W~Z에 대한 자료이다.

○ W~Y의 전자 배치에 대한 자료

원자		W	X	Y
$\dfrac{p \text{ 오비탈에 들어 있는 전자 수}}{\text{원자가 전자 수}}$ (상댓값)		3	4	12

○ 전자가 2개 들어 있는 오비탈 수 비는 Y : Z = 3 : 1이다.

이에 대한 설명으로 옳은 것만을 〈보기〉에서 있는 대로 고른 것은? (단, W~Z는 임의의 원소 기호이다.)

〈보 기〉
ㄱ. W와 Y는 같은 족 원소이다.
ㄴ. 원자 번호는 X > Z이다.
ㄷ. 전자가 들어 있는 오비탈 수 비는 X : Y = 1 : 2이다.

① ㄱ   ② ㄴ   ③ ㄷ   ④ ㄱ, ㄴ   ⑤ ㄱ, ㄷ

9. 표는 $t\,℃$에서 A(aq)과 B(aq)에 대한 자료이다. 용액 1 g당 용매의 질량은 A(aq)과 B(aq)에서 같다.

수용액	용질의 양(mol)	용액의 부피(L)	용액의 밀도(g/mL)
A(aq)	0.2	$2V$	d_1
B(aq)	0.3	V	d_2

$\dfrac{\text{A의 화학식량}}{\text{B의 화학식량}}$은? [3점]

① $\dfrac{3d_1}{2d_2}$ ② $\dfrac{3d_1}{d_2}$ ③ $\dfrac{6d_1}{d_2}$ ④ $\dfrac{3d_2}{2d_1}$ ⑤ $\dfrac{3d_2}{d_1}$

10. 그림 (가)는 $X^{2+}(aq)$이 들어 있는 비커를, (나)는 (가)의 비커에 금속 Y(s)를 넣어 반응을 완결시킨 것을, (다)는 (나)의 비커에 금속 Z(s)를 넣어 반응을 완결시킨 것을 나타낸 것이다. 비커에 넣어준 Y(s)와 Z(s)는 모두 반응하였다.

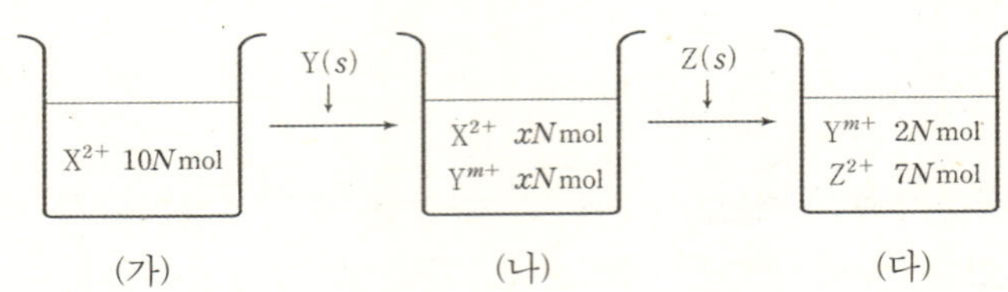

이에 대한 설명으로 옳은 것만을 〈보기〉에서 있는 대로 고른 것은? (단, X~Z는 임의의 원소 기호이고, X~Z는 물과 반응하지 않으며, 음이온은 반응에 참여하지 않는다.)

〈보 기〉
ㄱ. $x = 4$이다.
ㄴ. $m = 3$이다.
ㄷ. (다)에서 비커에 들어 있는 $\dfrac{X(s)의\ 양(mol)}{Y(s)의\ 양(mol)} = 5$이다.

① ㄱ   ② ㄷ   ③ ㄱ, ㄴ   ④ ㄴ, ㄷ   ⑤ ㄱ, ㄴ, ㄷ

11. 표는 분자 (가)~(라)에 대한 자료이다. (가)~(라)는 각각 XH_2, X_2H_2, Y_2H_2, Z_2H_4 중 하나이다. X~Z는 C, N, O를 순서 없이 나타낸 것이고, (가)~(라)에서 옥텟 규칙을 만족한다.

분자	(가)	(나)	(다)	(라)
|공유 전자쌍 수 − 비공유 전자쌍 수|	0	$a+2$	1	a

이에 대한 설명으로 옳은 것만을 〈보기〉에서 있는 대로 고른 것은? [3점]

〈보 기〉
ㄱ. (나)는 Z_2H_4이다.
ㄴ. (가)와 (다)는 모두 극성 분자이다.
ㄷ. (나)와 (라)에는 모두 다중 결합이 있다.

① ㄴ   ② ㄷ   ③ ㄱ, ㄴ   ④ ㄱ, ㄷ   ⑤ ㄴ, ㄷ

12. 다음은 ㉠바닥상태 산소(O) 원자의 전자 배치에서 전자가 들어 있는 서로 다른 오비탈 (가)~(라)에 대한 자료이다. n은 주 양자수, l은 방위(부) 양자수, m_l은 자기 양자수이다.

○ 오비탈에 들어 있는 전자 수는 (가)>(나)=(다)이다.

○ $\dfrac{n+m_l}{n}$ 는 (나)=(라)>(가)이다.

○ $n+l+m_l$는 (다)가 (라)의 2배이다.

이에 대한 설명으로 옳은 것만을 〈보기〉에서 있는 대로 고른 것은? [3점]

―――――〈보 기〉―――――

ㄱ. ㉠에서 $m_l=0$인 오비탈에 들어 있는 전자 수는 5이다.
ㄴ. 에너지 준위는 (다)>(가)이다.
ㄷ. (라)는 $1s$이다.

① ㄱ   ② ㄴ   ③ ㄱ, ㄴ   ④ ㄱ, ㄷ   ⑤ ㄴ, ㄷ

13. 다음은 25℃에서 $CH_3COOH(l)$의 밀도를 알아보기 위한 중화 적정 실험이다.

〔실험 과정〕
(가) $CH_3COOH(l)$ x mL에 물을 넣어 100 mL 수용액을 만든다.
(나) (가)에서 만든 수용액 10 mL에 페놀프탈레인 용액을 2~3방울 넣고 0.5 M $NaOH(aq)$으로 적정하였을 때, 수용액 전체가 붉게 변하는 순간까지 넣어 준 $NaOH(aq)$의 부피(V)를 측정한다.

〔실험 결과〕
○ V : y mL
○ 25℃에서 $CH_3COOH(l)$의 밀도 : 1.05 g/mL

$\dfrac{y}{x}$ 는? (단, 온도는 25℃로 일정하고, CH_3COOH의 분자량은 60이다.)

① $\dfrac{7}{8}$ ② $\dfrac{7}{6}$ ③ $\dfrac{7}{4}$ ④ $\dfrac{7}{2}$ ⑤ 7

14. 다음은 용기 (가)와 (나)에 들어 있는 기체에 대한 자료이다.

NH_3 0.5mol	$^1H^2H$ x mol $^{16}O^{16}O$ 0.2mol
(가)	(나)

○ (가)에서 N은 ^{14}N, ^{15}N로만, H는 ^1H, ^2H로만 존재한다.
○ 양성자수와 중성자수는 모두 (가)=(나)이다.
○ H의 질량비는 (가):(나)=20:27이고, (가)에서 N의 질량은 w g이다.

$w+x$는? (단, ^1H, ^2H, ^{14}N, ^{15}N의 원자량은 각각 1, 2, 14, 15이다.) [3점]

① $\dfrac{37}{5}$ ② $\dfrac{38}{5}$ ③ $\dfrac{39}{5}$ ④ 8   ⑤ $\dfrac{41}{5}$

15. 다음은 X_2Y_2의 분해 반응 실험이다.

〔자료〕
○ 화학 반응식 : $aX_2Y_2(g) \rightarrow 2X_mY_n(g) + Y_2(g)$

〔실험 과정〕
(가) $X_2Y_2(g)$ 6.8 g을 실린더에 넣고 모두 반응시킨다.
(나) 반응 후 전체 기체의 부피와 생성물의 질량을 측정한다.

〔실험 결과〕
○ $X_mY_n(g)$와 $Y_2(g)$의 질량은 각각 9w g, 8w g이다.
○ t℃, 1기압에서 반응 후 전체 기체의 부피 : 6 L

이에 대한 설명으로 옳은 것만을 〈보기〉에서 있는 대로 고른 것은? (단, X와 Y는 임의의 원소 기호이고, t℃, 1기압에서 기체 1 mol의 부피는 20 L이다. m과 n은 자연수이다.) [3점]

―――――〈보 기〉―――――

ㄱ. X_2Y_2 1 mol에 들어 있는 X의 질량은 24 g이다.
ㄴ. $m=2$이다.
ㄷ. 1 mol의 $X_2Y_2(g)$를 반응할 때 $Y_2(g)$는 16 g 생성된다.

① ㄴ   ② ㄷ   ③ ㄱ, ㄴ   ④ ㄱ, ㄷ   ⑤ ㄴ, ㄷ

16. 다음은 금속 X와 관련된 산화 환원 반응에 대한 자료이다. Y의 산화물에서 산소(O)의 산화수는 -2이다.

○ 화학 반응식 :
$$aX + bY_mO_3^- + cH^+ \rightarrow aX^{n+} + dYO + eH_2O$$
$(a \sim e$는 반응 계수)

○ 산화제 1 mol이 반응할 때 생성된 전체 생성물의 양은 4.5 mol이다.

○ 반응물 중에서 각 원자의 산화수 중 가장 큰 값과 생성물 중에서 각 원자의 산화수 중 가장 작은 값의 차는 7이다.

$(m+n)\times\dfrac{c}{a}$는? (단, X와 Y는 임의의 원소 기호이다.) [3점]

① 6   ② 8   ③ 10   ④ 12   ⑤ 14

17. 다음은 25℃에서 물질 (가)~(다)에 대한 자료이다. (가)~(다)는 a M HCl(aq), b M NaOH(aq), $H_2O(l)$을 순서 없이 나타낸 것이다.

○ (가)~(다)에 대한 자료

물질	(가)	(나)	(다)
$\dfrac{pOH}{pH}$ (상댓값)	1	6	22

○ (나) 10 mL와 (다) 90 mL를 혼합한 용액의 pOH는 x이다.

이에 대한 설명으로 옳은 것만을 〈보기〉에서 있는 대로 고른 것은? (단, 25℃에서 물의 이온화 상수(K_w)는 1×10^{-14}이고, 혼합 용액의 부피는 혼합 전 물 또는 용액의 부피의 합과 같다.)

―――――〈보 기〉―――――
ㄱ. (가)는 b M NaOH(aq)이다.

ㄴ. $x > 12$이다.

ㄷ. $20a$ M NaOH(aq)에서 $\dfrac{[Na^+]}{[H_3O^+]} = 4 \times 10^{10}$이다.

① ㄱ ② ㄴ ③ ㄱ, ㄷ ④ ㄴ, ㄷ ⑤ ㄱ, ㄴ, ㄷ

---

18. 표는 t℃, 1기압에서 실린더 (가)~(다)에 들어 있는 기체에 대한 자료이다. (나)에서 $\dfrac{X_aY의\ 양(mol)}{Y_aZ의\ 양(mol)} = 3$이다.

실린더	(가)	(나)	(다)
기체	X_aY, Y_2	X_aY, Y_aZ	Y_2, Y_aZ
전체 기체의 질량(g)	$10w$	$10w$	$27w$
단위 질량당 X 원자 수	$2N$	$3N$	
1 L당 Z 원자 수(상댓값)		2	1
Y의 질량(g)	$9.6w$	$8w$	$25.6w$

이에 대한 설명으로 옳은 것만을 〈보기〉에서 있는 대로 고른 것은? (단, X~Z는 임의의 원소 기호이다.) [3점]

―――――〈보 기〉―――――
ㄱ. (가)에서 Y_2의 질량은 $6.4wg$이다.

ㄴ. $\dfrac{X_aY_a의\ 분자량}{YZ의\ 분자량} = \dfrac{17}{15}$이다.

ㄷ. $\dfrac{(나)에서\ 전체\ 원자\ 수}{(다)에서\ 전체\ 원자\ 수} = \dfrac{12}{17}$이다.

① ㄱ ② ㄷ ③ ㄱ, ㄴ ④ ㄴ, ㄷ ⑤ ㄱ, ㄴ, ㄷ

---

19. 다음은 A(g)와 B(g)가 반응하여 C(g)와 D(g)를 생성하는 화학 반응식이다. $\dfrac{A의\ 분자량}{B의\ 분자량} = \dfrac{8}{9}$이다.

$$A(g) + B(g) \rightarrow C(g) + 3D(g)$$

표는 실린더에 A(g)와 B(g)를 넣고 반응을 완결시킨 실험 I과 II에 대한 자료이다. I에서는 B(g)가, II에서는 A(g)가 모두 반응하였고, ㉠과 ㉡은 C(g)와 D(g)를 순서 없이 나타낸 것이다. 반응한 B(g)의 질량비는 I : II = 2 : 1이다.

실험	반응 전	반응 후	
	전체 기체의 질량(g)	$\dfrac{㉠의\ 질량}{남은\ 반응물의\ 질량}$	$\dfrac{㉡의\ 양(mol)}{전체\ 기체의\ 양(mol)}$
I	$x+1$	$\dfrac{1}{4}$	$\dfrac{2}{11}$
II	x	$\dfrac{1}{12}$	$\dfrac{1}{8}$

$\dfrac{반응\ 후\ II에서\ ㉠의\ 질량}{반응\ 후\ I에서\ A(g)의\ 질량} \times x$는? [3점]

① $\dfrac{29}{80}$ ② $\dfrac{53}{80}$ ③ $\dfrac{29}{40}$ ④ $\dfrac{53}{40}$ ⑤ $\dfrac{29}{20}$

---

20. 표는 a M $H_2A(aq)$과 b M NaOH(aq)의 부피를 달리하여 혼합한 용액 (가)~(라)에 대한 자료이다.

혼합 용액		(가)	(나)	(다)	(라)
혼합 전 용액의 부피(mL)	$H_2A(aq)$	10	10	10	V
	NaOH(aq)	V	$2V$	$4V$	$3V$
모든 음이온의 몰 농도(M) 합		$\dfrac{1}{5}$	$\dfrac{3}{20}$	$\dfrac{1}{6}$	
모든 이온의 몰 농도(M) 합			$\dfrac{9}{20}$		x

$\dfrac{x}{a}$는? (단, 혼합 용액의 부피는 혼합 전 각 용액의 부피의 합과 같고, H_2A는 H^+과 A^{2-}으로 모두 이온화되며, 물의 자동 이온화는 무시한다.)

① $\dfrac{7}{8}$ ② $\dfrac{7}{6}$ ③ $\dfrac{7}{4}$ ④ $\dfrac{7}{3}$ ⑤ $\dfrac{7}{2}$

---

* 확인 사항

○ 답안지의 해당란에 필요한 내용을 정확히 기입(표기)했는지 확인 하시오.

〔제4교시〕

과학탐구 영역(화학 I)

<table>
<tr><td>성명</td><td></td><td>수험 번호</td><td></td><td>—</td><td></td><td>제 〔 〕 선택</td></tr>
</table>

1. 그림은 화합물 ABC와 BCD를 화학 결합 모형으로 나타낸 것이다.

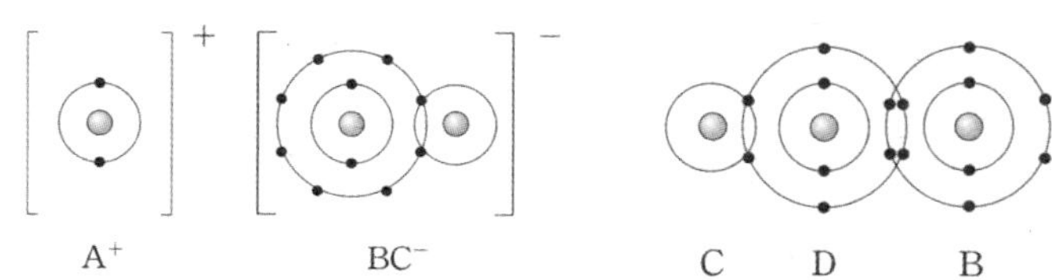

이에 대한 설명으로 옳은 것만을 〈보기〉에서 있는 대로 고른 것은? (단, A~D는 임의의 원소 기호이다.)

─〈보 기〉─
ㄱ. A(s)는 전성(퍼짐성)이 있다.
ㄴ. A와 B는 1:2로 결합하여 안정한 화합물을 형성한다.
ㄷ. BCD는 공유 결합 물질이다.

① ㄱ ② ㄴ ③ ㄱ, ㄷ ④ ㄴ, ㄷ ⑤ ㄱ, ㄴ, ㄷ

2. 다음은 에탄올(C_2H_5OH) 연소 반응의 화학 반응식이다.

$$C_2H_5OH(l) + aO_2(g) \rightarrow bCO_2(g) + cH_2O(l) \quad (a\sim c는\ 반응\ 계수)$$

이 반응에서 $n$mol의 $C_2H_5OH(l)$이 반응했을 때, 생성된 전체 기체의 양은 4mol이다. $\dfrac{a\times c}{n}$는?

① $\dfrac{3}{4}$ ② $\dfrac{3}{2}$ ③ $\dfrac{9}{4}$ ④ $\dfrac{9}{2}$ ⑤ 6

3. 그림은 2주기 원소 W~Z로 구성된 분자 (가)~(다)의 구조식을 단일 결합과 다중 결합의 구분 없이 나타낸 것이다. (가)~(다)에서 W, X, Z만 옥텟 규칙을 만족한다.

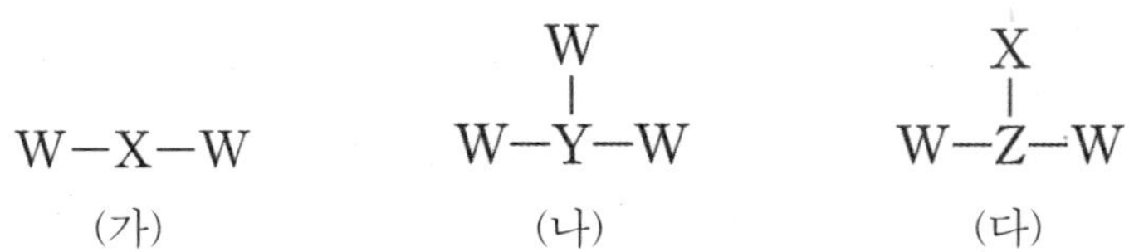

이에 대한 설명으로 옳은 것만을 〈보기〉에서 있는 대로 고른 것은? (단, W~Z는 임의의 원소 기호이다.) [3점]

─〈보 기〉─
ㄱ. 결합각은 (가) > (나)이다.
ㄴ. (나)와 (다)의 분자 구조는 모두 평면 삼각형이다.
ㄷ. (다)에는 무극성 공유 결합이 있다.

① ㄱ ② ㄴ ③ ㄷ ④ ㄱ, ㄷ ⑤ ㄴ, ㄷ

4. 다음은 학생 A가 수행한 탐구 활동이다.

〔가설〕
○ 염화 칼슘($CaCl_2$)이 물에 용해되는 반응은 [㉠]이다.

〔탐구 과정〕
○ 25℃의 물 100 g이 들어 있는 삼각 플라스크에 25℃의 $CaCl_2$ wg을 모두 녹인 후 수용액의 온도(T)를 측정한다.

〔탐구 결과〕
○ T : 28℃

〔결론〕
○ 가설은 옳다.

학생 A의 결론이 타당할 때, 이에 대한 설명으로 옳은 것만을 〈보기〉에서 있는 대로 고른 것은? [3점]

─〈보 기〉─
ㄱ. $CaCl_2$는 탄소 화합물이다.
ㄴ. '흡열 반응'은 ㉠으로 적절하다.
ㄷ. $CaCl_2$는 제설제로 이용할 수 있다.

① ㄴ ② ㄷ ③ ㄱ, ㄴ ④ ㄱ, ㄷ ⑤ ㄴ, ㄷ

5. 그림은 밀폐된 진공 용기에 $H_2O(l)$을 넣은 후 시간에 따른 ㉠과 ㉡의 양(mol)을 나타낸 것이다. ㉠과 ㉡은 각각 $H_2O(l)$과 $H_2O(g)$ 중 하나이고, t_3일 때 $H_2O(l)$과 $H_2O(g)$는 동적 평형 상태에 도달하였다. $0 < t_1 < t_2 < t_3$이다.

이에 대한 설명으로 옳은 것만을 〈보기〉에서 있는 대로 고른 것은?

─〈보 기〉─
ㄱ. ㉠은 $H_2O(g)$이다.
ㄴ. t_2일 때 H_2O의 $\dfrac{증발\ 속도}{응축\ 속도} = 1$이다.
ㄷ. t_3일 때 $H_2O(l)$이 $H_2O(g)$가 되는 반응이 일어난다.

① ㄱ ② ㄴ ③ ㄱ, ㄷ ④ ㄴ, ㄷ ⑤ ㄱ, ㄴ, ㄷ

6. 다음은 바닥상태 원자 W~Z에 대한 자료이다. W~Z의 원자 번호는 각각 7~14 중 하나이다.

> ○ 홀전자 수는 W > X > Y이다.
> ○ 원자 반지름은 Y > X > Z > W이다.
> ○ 제1 이온화 에너지는 Z > W이다.

이에 대한 설명으로 옳은 것만을 〈보기〉에서 있는 대로 고른 것은? (단, W~Z는 임의의 원소 기호이다.)

> ───〈보 기〉───
> ㄱ. Z는 N이다.
> ㄴ. p 오비탈에 들어 있는 전자 수는 X와 Y가 같다.
> ㄷ. Ne의 전자 배치를 갖는 이온의 반지름은 W > Y이다.

① ㄱ　　② ㄴ　　③ ㄱ, ㄷ　　④ ㄴ, ㄷ　　⑤ ㄱ, ㄴ, ㄷ

---

7. 다음은 금속 X~Z의 산화 환원 반응 실험이다.

> 〔실험 과정 및 결과〕
> (가) X^{3+} $6N$ mol이 들어 있는 수용액 V mL를 비커 Ⅰ, Ⅱ에 각각 넣는다.
> (나) Ⅰ과 Ⅱ에 Y(s)와 Z(s)를 각각 조금씩 넣어 반응시킨다.
> (다) (나) 과정 후 X^{3+}은 모두 X가 되었고, X^{3+}와 반응한 Y와 Z는 각각 Y^{m+}과 Z^{n+}이 되었다.
> (라) (나)에서 넣어 준 금속의 질량(g)에 따른 수용액 속 전체 양이온의 양(mol)은 다음과 같다.
>
> 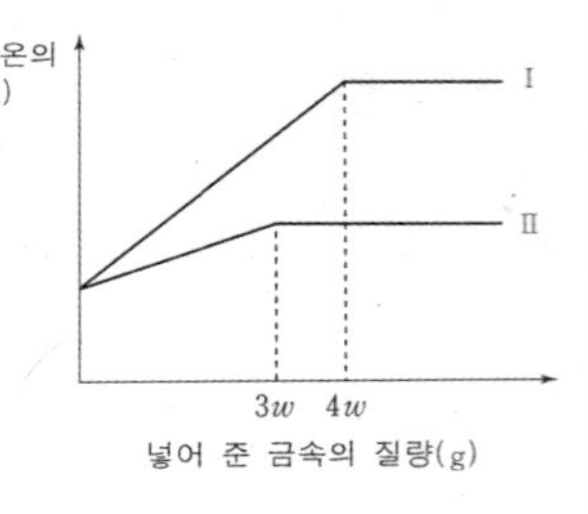

이에 대한 설명으로 옳은 것만을 〈보기〉에서 있는 대로 고른 것은? (단, X~Z는 임의의 원소 기호이고 물과 반응하지 않으며, 음이온은 반응에 참여하지 않는다. m과 n은 3 이하의 자연수이다.)

> ───〈보 기〉───
> ㄱ. $m = 2n$이다.
> ㄴ. Y와 Z의 원자량 비는 2 : 3이다.
> ㄷ. (나)에서 Y(s)는 산화제로 작용한다.

① ㄴ　　② ㄷ　　③ ㄱ, ㄴ　　④ ㄱ, ㄷ　　⑤ ㄱ, ㄷ

---

8. 다음은 금속 X, Y와 관련된 산화 환원 반응에 대한 자료이다. 원소 X와 Y의 산화물에서 산소(O)의 산화수는 -2이다.

> ○ 화학 반응식 :
> (가) $a\text{Cl}^- + \text{X}_2\text{O}_7^{2-} + b\text{H}^+ \rightarrow c\text{Cl}_2 + d\text{X}^{n+} + e\text{H}_2\text{O}$
> (나) $f\text{Cl}^- + 2\text{YO}_4^- + 16\text{H}^+ \rightarrow g\text{Cl}_2 + 2\text{Y}^{(n-1)+} + 8\text{H}_2\text{O}$
> 　　　　　　　　　　　　(a~g는 반응 계수)
> ○ 1 mol의 산화제가 반응했을 때 생성되는 Cl_2의 양은 (가) : (나) = 6 : 5이다.

$\dfrac{b+f}{n}$는? (단, X와 Y는 임의의 원소 기호이다.) [3점]

① 4　　② 6　　③ 8　　④ 10　　⑤ 12

---

9. 다음은 X(l)와 Y(l)를 이용한 실험이다.

> 〔실험 과정〕
> (가) 25℃에서 밀도가 d_1 g/mL인 X(l)와 밀도가 d_2 g/mL인 Y(l)를 준비한다.
> (나) (가)의 X(l) 10 mL를 취하여 부피 플라스크에 넣고 물과 혼합하여 수용액 Ⅰ 50 mL를 만든다.
> (다) (가)의 Y(l) 10 g을 취하여 비커에 넣고 물과 혼합하여 수용액 Ⅱ 50 g을 만든 후 밀도를 측정한다.
>
> 〔탐구 결과 및 자료〕
> ○ X와 Y의 화학식량 비는 3 : 1이다.
> ○ Ⅰ에서 X의 몰 농도 : x M
> ○ Ⅱ의 밀도 및 Ⅱ에서 Y의 몰 농도 : d_3 g/mL, y M

$\dfrac{x}{y}$는? (단, 온도는 25℃로 일정하다.) [3점]

① $\dfrac{3d_1}{d_2}$　　② $\dfrac{d_1}{3d_2}$　　③ $\dfrac{d_2}{3d_3}$　　④ $\dfrac{3d_1}{d_3}$　　⑤ $\dfrac{d_1}{3d_3}$

---

10. 표는 2, 3주기 2~15족 바닥상태 원자 A~D에 대한 자료이다.

원자	A	B	C	D
p 오비탈에 들어 있는 전자 수 (상댓값) / 원자가 전자 수	1	3	5	
전자가 들어 있는 오비탈 수		$3a$		a

이에 대한 설명으로 옳은 것만을 〈보기〉에서 있는 대로 고른 것은? (단, A~D는 임의의 원소 기호이다.)

> ───〈보 기〉───
> ㄱ. A와 B는 같은 주기 원소이다.
> ㄴ. s 오비탈에 들어 있는 전자 수는 C > A이다.
> ㄷ. 전자가 들어 있는 p 오비탈 수의 비는 C : D = 6 : 1이다.

① ㄴ　　② ㄷ　　③ ㄱ, ㄴ　　④ ㄱ, ㄷ　　⑤ ㄴ, ㄷ

---

11. 표는 원소 X~Z로 구성된 분자 (가)~(다)에 대한 자료이다. X~Z는 C, O, F를 순서 없이 나타낸 것이고, (가)~(다)의 모든 원자는 옥텟 규칙을 만족한다.

원자	(가)	(나)	(다)
구성 원소	X, Y	X, Z	Y, Z
공유 전자쌍 수	a	3	a
전체 구성 원자의 원자가 전자 수 합	16	26	b

이에 대한 설명으로 옳은 것만을 〈보기〉에서 있는 대로 고른 것은? [3점]

> ───〈보 기〉───
> ㄱ. $b = 32$이다.
> ㄴ. (가)와 (나)는 모두 극성 분자이다.
> ㄷ. 비공유 전자쌍 수는 (나) > (다)이다.

① ㄱ　　② ㄴ　　③ ㄱ, ㄷ　　④ ㄴ, ㄷ　　⑤ ㄱ, ㄴ, ㄷ

12. 표는 서로 다른 2주기 원소 W~Z로 구성된 분자 (가)~(다)에 대한 자료이다. (가)~(다)에서 모든 원자는 옥텟 규칙을 만족한다.

분자	구성 원소	모든 결합의 종류	결합의 수
(가)	W, X	W와 X 사이의 단일 결합	x
(나)	W, X, Y	W와 X 사이의 단일 결합	1
		W와 Y 사이의 2중 결합	1
(다)	X, Z	X와 Z 사이의 단일 결합	4
		Z와 Z 사이의 　㉠	1

이에 대한 설명으로 옳은 것만을 〈보기〉에서 있는 대로 고른 것은? (단, W~Z는 임의의 원소 기호이다.) [3점]

〈보 기〉

ㄱ. $x = 4$이다.

ㄴ. (나)에서 Y는 부분적인 음전하(δ^-)를 띤다.

ㄷ. ㉠은 '2중 결합'이다.

① ㄴ ② ㄷ ③ ㄱ, ㄴ ④ ㄱ, ㄷ ⑤ ㄴ, ㄷ

13. 다음은 원자 X의 전자가 들어 있는 모든 오비탈 (가)~(라)에 대한 자료이다. n은 주 양자수, l은 방위(부) 양자수, m_l은 자기 양자수이다.

○ (가)~(라)의 $n+l$는 모두 3 이하이다.

○ 오비탈에 들어 있는 전자 수는 (가)=(나)>(다)=(라)이다.

○ m_l는 (가)>(나)>(라)이고, $n-l$는 (나)>(다)>(가)이다.

이에 대한 설명으로 옳은 것만을 〈보기〉에서 있는 대로 고른 것은? (단, X는 임의의 원소 기호이다.)

〈보 기〉

ㄱ. X는 Na이다.

ㄴ. 에너지 준위는 (나)>(가)이다.

ㄷ. X에서 $n+m_l$가 2 이상인 오비탈에 들어 있는 전자 수는 4이다.

① ㄱ ② ㄴ ③ ㄷ ④ ㄱ, ㄷ ⑤ ㄴ, ㄷ

14. 다음은 용기 (가)에 들어 있는 기체에 대한 자료이다.

○ (가)에는 $^aX^{a+2}X$, $^aX^aX^bY$, $^{b+2}Y_2$만 들어 있다.

○ (가)에 들어 있는 원자 X와 Y에 대한 자료

	^aX	^{a+2}X	^bY	^{b+2}Y
$\dfrac{\text{중성자수}}{\text{전자수}}$ (상댓값)	8	10	8	9
원자의 양(mol)	x	0.5	1	1

○ (가)에 들어 있는 전체 양성자의 양은 56 mol이다.

이에 대한 설명으로 옳은 것만을 〈보기〉에서 있는 대로 고른 것은? (단, X와 Y는 임의의 원소 기호이다.)

〈보 기〉

ㄱ. $x = 1.5$이다.

ㄴ. $a+b = 48$이다.

ㄷ. (가)에 들어 있는 전체 중성자의 양은 59 mol이다.

① ㄱ ② ㄷ ③ ㄱ, ㄴ ④ ㄴ, ㄷ ⑤ ㄱ, ㄴ, ㄷ

15. 그림 (가)는 원자 W~Y의 전기 음성도를, (나)는 원자 X~Z의 제2 이온화 에너지(E_2)를 나타낸 것이다. W~Z는 모두 2주기 원소이고 원자 번호가 연속이며, 원자 번호 순서가 아니다.

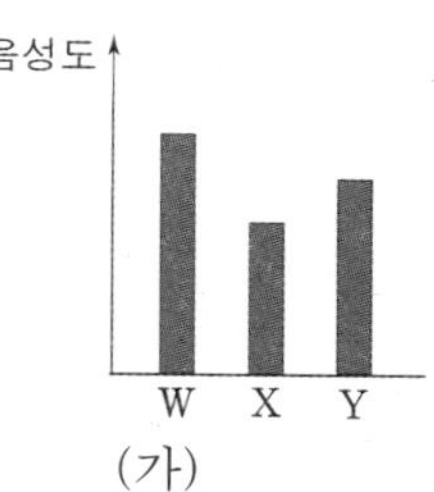

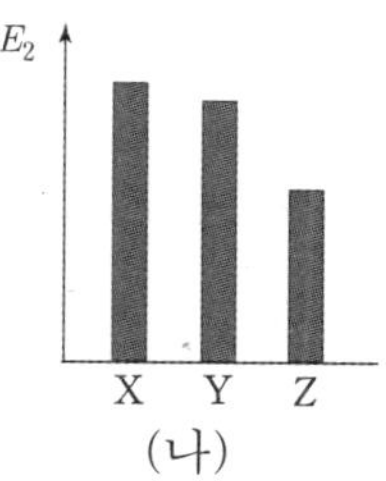

이에 대한 설명으로 옳은 것만을 〈보기〉에서 있는 대로 고른 것은? (단, W~Z는 임의의 원소 기호이고, 비활성 기체가 아니다.)

〈보 기〉

ㄱ. X는 B이다.

ㄴ. 원자가 전자가 느끼는 유효 핵전하는 W>Y이다.

ㄷ. $\dfrac{\text{제2 이온화 에너지}}{\text{제1 이온화 에너지}}$는 X>Z이다.

① ㄱ ② ㄷ ③ ㄱ, ㄴ ④ ㄴ, ㄷ ⑤ ㄱ, ㄴ, ㄷ

16. 다음은 25℃에서 식초에 들어 있는 아세트산(CH_3COOH)의 질량을 알아보기 위한 중화 적정 실험이다.

〔실험 과정〕

(가) 식초 A와 B를 준비한다.

(나) 10 g의 식초 A에 물을 넣어 수용액 100 mL를 만든다.

(다) (나)의 수용액 25 mL에 페놀프탈레인 용액을 2~3방울 넣고 a M NaOH(aq)으로 적정하였을 때, 수용액 전체가 붉게 변하는 순간까지 넣어 준 NaOH(aq)의 부피(V)를 측정한다.

(라) 10 g의 식초 B에 물을 넣어 수용액 50 g을 만든다.

(마) (나)의 수용액 25 mL 대신 (라)의 수용액 10 g을 이용하여 과정 (다)를 반복한다.

〔실험 결과〕

○ (다)에서 V : 20 mL

○ (마)에서 V : x mL

○ 식초 A와 B 1 g에 들어 있는 CH_3COOH의 질량

식초	A	B
CH_3COOH의 질량(g)	$2w$	$5w$

x는? (단, 온도는 25℃로 일정하다.) [3점]

① 25 ② 30 ③ 35 ④ 40 ⑤ 45

17. 다음은 25℃에서 수용액 (가)~(다)에 대한 자료이다.

	(가)	(나)	(다)
$pH - pOH$	-7	4	2
H_3O^+의 양(mol)	$5 \times 10^{-5.5}$		x
$\dfrac{OH^-의\ 양(mol)}{H_3O^+의\ 몰\ 농도(M)}$ (상댓값)	10^{-5}	4×10^5	2×10^4

이에 대한 설명으로 옳은 것만을 〈보기〉에서 있는 대로 고른 것은? (단, 25℃에서 물의 이온화 상수(K_W)는 1×10^{-14}이다.) [3점]

<보 기>

ㄱ. $x = 10^{-9}$이다.

ㄴ. $\dfrac{(다)의\ pOH}{(가)의\ pH} = \dfrac{16}{7}$이다.

ㄷ. $\dfrac{(가)의\ 부피(L)}{(다)의\ 부피(L)} = \dfrac{1}{2}$이다.

① ㄱ   ② ㄷ   ③ ㄱ, ㄴ   ④ ㄱ, ㄷ   ⑤ ㄴ, ㄷ

18. 다음은 중화 반응 실험이다.

[자료]
○ 수용액에서 H_2A는 H^+과 A^{2-}으로 모두 이온화된다.

[실험 과정]
(가) a M $H_2A(aq)$ 10 mL에 b M $NaOH(aq)$ 50 mL를 첨가하여 혼합 용액 I을 만든다.
(나) I에 b M $HCl(aq)$ 20 mL를 첨가하여 혼합 용액 II를 만든다.
(다) II에 c M $H_2A(aq)$ 40 mL를 첨가하여 혼합 용액 III을 만든다.

[실험 결과]
○ I ~ III의 액성은 모두 다르며, 각각 산성, 중성, 염기성 중 하나이다.

○ II에서 모든 이온의 몰 농도 합은 $\dfrac{17}{80}$ M이다.

○ III에서 $\dfrac{모든\ 양이온의\ 양(mol)}{모든\ 음이온의\ 양(mol)} = \dfrac{5}{3}$이다.

$b \times c$는? (단, 혼합 용액의 부피는 혼합 전 각 용액의 부피의 합과 같고, 물의 자동 이온화는 무시한다.)

① $\dfrac{1}{40}$ ② $\dfrac{1}{30}$ ③ $\dfrac{1}{25}$ ④ $\dfrac{1}{20}$ ⑤ $\dfrac{1}{15}$

19. 다음은 t℃, 1기압에서 실린더 (가)와 (나)에 들어 있는 기체에 대한 자료이다.

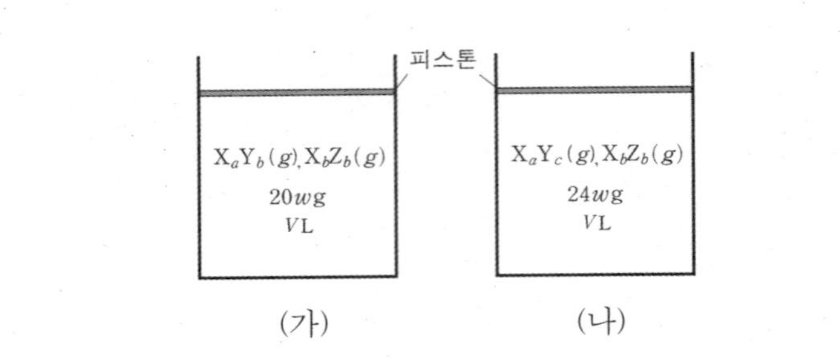

○ X의 질량은 (가)와 (나)에서 각각 $2.4w$ g, $2w$ g이다.
○ (나)에서 Y의 질량은 $10.8w$ g이다.
○ $\dfrac{Y의\ 양(mol)}{Z의\ 양(mol)}$은 (가)와 (나)에서 각각 $\dfrac{5}{2}$, $\dfrac{9}{8}$이다.

$\dfrac{X의\ 원자량}{Z의\ 원자량} \times \dfrac{a+b}{c}$는? (단, X~Z는 임의의 원소 기호이다.) [3점]

① $\dfrac{1}{14}$ ② $\dfrac{1}{12}$ ③ $\dfrac{1}{7}$ ④ $\dfrac{1}{6}$ ⑤ $\dfrac{1}{4}$

20. 다음은 A(g)와 B(g)가 반응하여 C(g)가 생성되는 반응의 화학 반응식이다.

$$2A(g) + 3B(g) \rightarrow cC(g) \quad (c는\ 반응\ 계수)$$

표는 실린더에 A(g) $3w$g과 B(g) xwg을 넣고 반응시켰을 때, 반응이 진행되는 동안 시간에 따른 실린더 속 기체에 대한 자료이다. $t_1 < t_2 < t_3$이고, t_3에서 반응이 완결되었다.

시간	t_1	t_2	t_3
분자 수 비	$1 : 1 : 3$	$2 : 4 : 7$	
C(g)의 질량(g)	$\dfrac{13}{5}w$	$\dfrac{39}{10}w$	yw

$\dfrac{y}{x} \times \dfrac{A의\ 분자량}{C의\ 분자량}$은? [3점]

① $\dfrac{1}{4}$ ② $\dfrac{3}{8}$ ③ $\dfrac{1}{2}$ ④ $\dfrac{5}{8}$ ⑤ $\dfrac{3}{4}$

* 확인 사항
○ 답안지의 해당란에 필요한 내용을 정확히 기입(표기)했는지 확인하시오.

〔제 4 교시〕

과학탐구 영역(화학 I)

| 성명 | | 수험 번호 | ⃞⃞⃞⃞ — ⃞⃞⃞⃞ | 제 [   ] 선택 |

화학 I

1. 그림은 바닥상태 원자 A와 B의 전자 배치를 모형으로 나타낸 것이다.

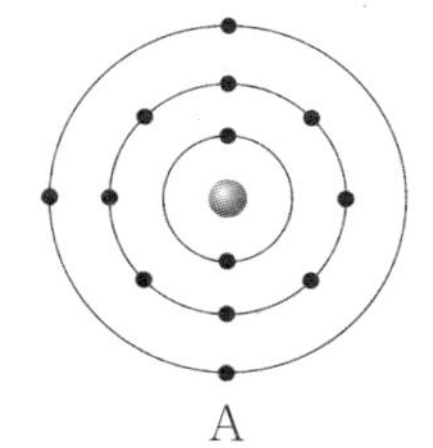
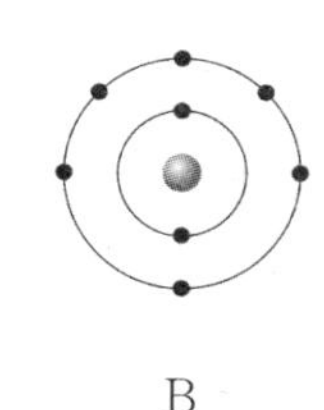

A   B

이에 대한 설명으로 옳은 것만을 <보기>에서 있는 대로 고른 것은? (단, A와 B는 임의의 원소 기호이다.)

<보 기>
ㄱ. A(s)는 전기 전도성이 있다.
ㄴ. B$_2$는 공유 결합 물질이다.
ㄷ. A와 B는 2 : 3으로 결합하여 안정한 화합물을 형성한다.

① ㄱ　　② ㄷ　　③ ㄱ, ㄴ　　④ ㄴ, ㄷ　　⑤ ㄱ, ㄴ, ㄷ

2. 다음은 에탄올에 대한 자료와 이에 대한 학생들의 대화이다.

○ 에탄올(C_2H_5OH)을 손등에 바르면 에탄올이 증발하면서 손등이 시원해진다.

제시한 내용이 옳은 학생만을 있는 대로 고른 것은?
① A　　② B　　③ C　　④ A, C　　⑤ B, C

3. 표는 수소(H)와 2주기 원소 X, Y로 구성된 분자 (가)~(다)에 대한 자료이다. (가)~(다)에서 X와 Y는 옥텟 규칙을 만족한다.

분자	(가)	(나)	(다)
분자식	XH$_a$	YH$_b$	HXY
분자 모양	정사면체형	삼각뿔형	㉠

(가)~(다)에 대한 설명으로 옳은 것만을 <보기>에서 있는 대로 고른 것은? (단, X와 Y는 임의의 원소 기호이다.) [3점]

<보 기>
ㄱ. '굽은 형'은 ㉠으로 적절하다.
ㄴ. 결합각은 (가)>(나)이다.
ㄷ. 무극성 분자는 2가지이다.

① ㄴ　　② ㄷ　　③ ㄱ, ㄴ　　④ ㄱ, ㄷ　　⑤ ㄴ, ㄷ

4. 그림은 주기율표의 일부를 나타낸 것이다.

주기＼족	1	2	13	14	15	16	17
2		W					X
3	Y				Z		

이에 대한 설명으로 옳은 것만을 <보기>에서 있는 대로 고른 것은? (단, W~Z는 임의의 원소 기호이다.)

<보 기>
ㄱ. Ne의 전자 배치를 갖는 이온의 반지름은 X > Y이다.
ㄴ. 원자가 전자가 느끼는 유효 핵전하는 Y > Z이다.
ㄷ. $\dfrac{\text{제3 이온화 에너지}}{\text{제2 이온화 에너지}}$ 는 W > X이다.

① ㄱ　　② ㄴ　　③ ㄱ, ㄷ　　④ ㄴ, ㄷ　　⑤ ㄱ, ㄴ, ㄷ

5. 다음은 학생 A가 용해 평형에 대해 알아보기 위해 수행한 탐구 활동이다.

〔학습 내용〕
○ 포화 수용액 : 용해 평형에 도달하여서 용질을 더 넣어도 수용액의 농도가 증가하지 않는 상태의 수용액

〔가설〕
○ 포화 수용액에서 ┃　　　　㉠　　　　┃

〔탐구 과정〕
(가) 25 ℃의 물이 담긴 비커에 충분한 양의 $^{23}NaCl(s)$을 녹인 후 용해 평형에 도달할 때까지 기다려 포화 수용액을 만든다.
(나) (가)의 비커에 그림과 같이 $^{24}NaCl(s)$을 조금 넣고 충분한 시간이 흐른 뒤 비커 속 수용액에 녹아 있는 Na^+의 질량수를 측정한다.

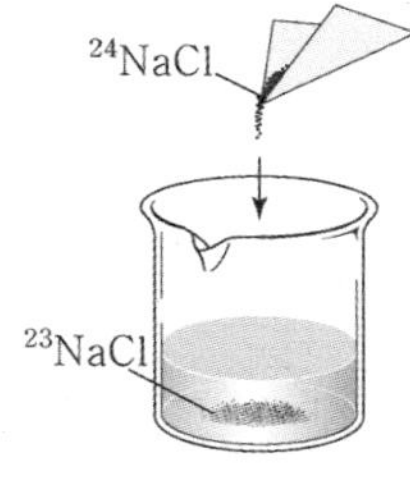

〔탐구 결과〕
○ (나)의 수용액에서 $^{23}Na^+$과 $^{24}Na^+$이 모두 검출되었다.

〔결론〕
○ 가설은 옳다.

학생 A의 결론이 타당할 때, 다음 중 ㉠으로 가장 적절한 것은? (단, 온도는 25 ℃로 일정하고, 물의 증발은 무시한다.) [3점]

① 수용액의 농도는 변하지 않는다.
② 용질의 석출 속도가 용해 속도는 같다.
③ 용질의 석출 속도와 용해 속도보다 크다.
④ 용질이 용해되는 반응과 석출되는 반응은 계속 일어난다.
⑤ 용질이 용해되는 반응과 석출되는 반응은 일어나지 않는다.

6. 그림은 3가지 분자를 주어진 기준에 따라 분류한 것이다. A와 B는 각각 CO_2와 OF_2 중 하나이다.

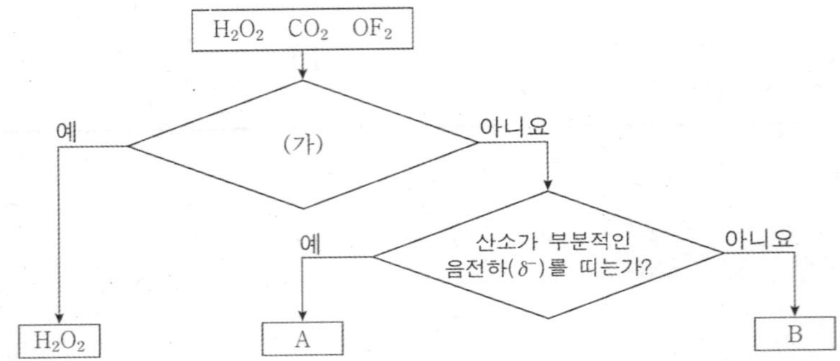

이에 대한 설명으로 옳은 것만을 <보기>에서 있는 대로 고른 것은?

<보 기>
ㄱ. '무극성 공유 결합이 있는가?'는 (가)로 적절하다.
ㄴ. A에는 다중 결합이 있다.
ㄷ. B는 중심 원자에 비공유 전자쌍이 있다.

① ㄱ　　② ㄷ　　③ ㄱ, ㄴ　　④ ㄴ, ㄷ　　⑤ ㄱ, ㄴ, ㄷ

7. 표는 2, 3주기 바닥상태 원자 X~Z의 전자 배치에 대한 자료이다.

원자	X	Y	Z
$\dfrac{p \text{ 오비탈에 들어 있는 전자 수}}{\text{전체 전자 수}}$	$\dfrac{1}{5}$	$\dfrac{1}{2}$	$\dfrac{2}{3}$
홀전자 수	a	$a+1$	

이에 대한 설명으로 옳은 것만을 <보기>에서 있는 대로 고른 것은? (단, X~Z는 임의의 원소 기호이다.)

<보 기>
ㄱ. $a=1$이다.
ㄴ. 전자가 들어 있는 오비탈 수는 Z가 X의 2배이다.
ㄷ. 전자가 2개 들어 있는 오비탈 수는 X와 Y가 같다.

① ㄱ　　② ㄴ　　③ ㄷ　　④ ㄱ, ㄴ　　⑤ ㄱ, ㄷ

8. 표는 0.4 M $A(aq)$, x M $B(aq)$, $H_2O(l)$의 부피를 달리하여 혼합한 수용액 (가)와 (나)에 대한 자료이다. A와 B의 화학식량은 각각 $3a$와 $2a$이다.

혼합 수용액	혼합 전 물 또는 용액의 부피(mL)			몰 농도 (M)	수용액에 포함된 용질의 질량(g)
	0.4 M $A(aq)$	x M $B(aq)$	$H_2O(l)$		
(가)	V	0	75	y	w
(나)	0	$2V$	100	0.4	$4w$

$y \times V$는? (단, 온도는 일정하고, 혼합 용액의 부피는 혼합 전 용액과 물의 부피의 합과 같다.)

① $\dfrac{5}{8}$　　② $\dfrac{5}{4}$　　③ $\dfrac{5}{2}$　　④ 5　　⑤ $\dfrac{15}{2}$

9. 그림은 금속 양이온 ㉠과 ㉡이 각각 N mol 들어 있는 비커 (가), (나)에 금속 C를 각각 x mol 넣어 반응을 완결시킨 것을, 표는 반응 후 비커에 들어 있는 고체 금속의 양을 나타낸 것이다. 반응한 C는 모두 C^{n+}이 되었고, ㉠과 ㉡은 각각 A^{2+}과 B^{3+} 중 하나이다.

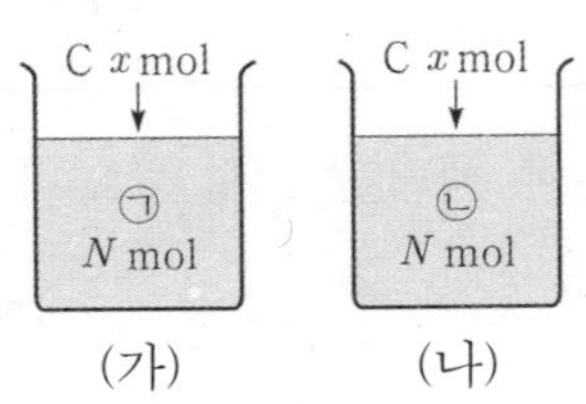

비커	(가)	(나)
전체 고체 금속의 양(mol)	$\dfrac{5}{2}N$	$3N$

㉠과 $x \times n$으로 옳은 것은? (단, A~C는 임의의 원소 기호이고 물과 반응하지 않으며, 음이온은 반응에 참여하지 않는다.) [3점]

	㉠	$x \times n$		㉠	$x \times n$
①	A^{2+}	$6N$	②	B^{3+}	$6N$
③	A^{2+}	$9N$	④	B^{3+}	$9N$
⑤	A^{2+}	$12N$			

10. 다음은 바닥상태 P의 전자 배치에서 전자가 들어 있는 오비탈 (가)~(다)에 대한 자료이다. n은 주 양자수, l은 방위(부) 양자수, m_l은 자기 양자수이다.

○ $n+l$는 (가)>(나)=(다)이고, (가)~(다)의 m_l 합은 0이다.
○ (가)~(다)의 양자수에 대한 자료

오비탈	(가)	(나)	(다)
$n-l$과 $n+m_l$의 비율			

(가)~(다)에 대한 설명으로 옳은 것만을 <보기>에서 있는 대로 고른 것은?

<보 기>
ㄱ. (다)의 모양은 구형이다.
ㄴ. 원자가 전자가 들어 있는 오비탈은 1가지이다.
ㄷ. $l - m_l$는 (나)가 가장 크다.

① ㄱ　　② ㄴ　　③ ㄷ　　④ ㄱ, ㄷ　　⑤ ㄴ, ㄷ

11. 표는 25℃의 수용액 (가)와 (나)에 대한 자료이다. (가)와 (나)는 $HCl(aq)$과 $NaOH(aq)$을 순서 없이 나타낸 것이다.

수용액	몰 농도(M)	pH − pOH	OH^-의 양(mol)(상댓값)
(가)	a	x	1
(나)	$100a$	$x+8$	500

이에 대한 설명으로 옳은 것만을 <보기>에서 있는 대로 고른 것은? (단, 25℃에서 물의 이온화 상수(K_w)는 1×10^{-14}이다.) [3점]

<보 기>
ㄱ. (가)는 $HCl(aq)$이다.
ㄴ. (가)와 (나)의 pOH 합은 10이다.
ㄷ. $\dfrac{\text{(가)의 부피(L)}}{\text{(나)의 부피(L)}} = 2$이다.

① ㄱ　　② ㄴ　　③ ㄱ, ㄷ　　④ ㄴ, ㄷ　　⑤ ㄱ, ㄴ, ㄷ

12. 그림은 2주기 원소 X~Z로 구성된 물질 XY^-과 YZ_3의 루이스 전자 점식을 나타낸 것이고, 표는 분자 (가)와 (나)에 대한 자료이다. 분자에서 모든 원자는 옥텟 규칙을 만족한다.

분자	구성 원자 수			공유 전자쌍 수	비공유 전자쌍 수
	X	Y	Z		
(가)	2	0	x	a	
(나)	0	2	y		$a+2$

이에 대한 설명으로 옳은 것만을 <보기>에서 있는 대로 고른 것은? (단, X~Z는 임의의 원소 기호이다.) [3점]

<보 기>
ㄱ. $x+y=6$이다.
ㄴ. (나)에는 다중 결합이 있다.
ㄷ. $\dfrac{비공유\ 전자쌍\ 수}{공유\ 전자쌍\ 수}$ 는 (가)와 (나)가 같다.

① ㄱ ② ㄷ ③ ㄱ, ㄴ ④ ㄴ, ㄷ ⑤ ㄱ, ㄴ, ㄷ

13. 다음은 X, Y와 관련된 반응의 화학 반응식이다.

$$aX_2Y_4 + Y_2 \rightarrow bXY_3 \quad (a,\ b는\ 반응\ 계수)$$

표는 용기에 X_2Y_4와 Y_2의 질량을 달리하여 넣고 반응을 완결시킨 실험 Ⅰ, Ⅱ에 대한 자료이다.

실험	반응 전		반응 후 $\dfrac{Y\ 원자\ 수}{X\ 원자\ 수}$
	X_2Y_4의 질량(g)	Y_2의 질량(g)	
Ⅰ	$4w$	w	6
Ⅱ	$6w$	w	㉠

이에 대한 설명으로 옳은 것만을 <보기>에서 있는 대로 고른 것은? (단, X와 Y는 임의의 원소 기호이다.) [3점]

<보 기>
ㄱ. $a+b=3$이다.
ㄴ. Ⅰ과 Ⅱ에서 반응 후 남은 반응물의 종류는 서로 다르다.
ㄷ. ㉠$\times \dfrac{Y의\ 원자량}{X의\ 원자량} = \dfrac{1}{3}$이다.

① ㄱ ② ㄴ ③ ㄱ, ㄷ ④ ㄴ, ㄷ ⑤ ㄱ, ㄴ, ㄷ

14. 다음은 원자 A와 B에 대한 자료이다.

○ A와 B의 동위 원소에 대한 자료

원자		^aA	^bB	^{b+4}B
1 g에 들어 있는 입자의 양(mol)	양성자		$10N$	$9N$
	중성자	$12N$	$10N$	

○ 원자량은 ^aA가 ^bB의 5배이다.
○ ^aA와 ^{b+4}B의 중성자수 합은 130이다.

^bB의 원자량은? (단, A와 B는 임의의 원소 기호이다.)

① $\dfrac{3}{10N}$ ② $\dfrac{3}{5N}$ ③ $\dfrac{9}{10N}$ ④ $\dfrac{9}{5N}$ ⑤ $\dfrac{27}{10N}$

15. 다음은 25℃에서 식초 A 1 g에 들어 있는 아세트산(CH_3COOH)의 질량을 알아보기 위한 중화 적정 실험이다.

〔자료〕
○ CH_3COOH의 분자량: 60
○ 25℃에서 식초 A의 밀도: d_1 g/mL

〔실험 과정〕
(가) 식초 A 10 mL에 물을 넣어 25℃에서 밀도가 d_2 g/mL인 수용액 50 mL을 만든다.
(나) (가)에서 만든 수용액 w g에 페놀프탈레인 용액을 2~3 방울 넣고 0.1 M NaOH(aq)으로 적정한다.
(다) (나)의 수용액 전체가 붉게 변하는 순간까지 넣어 준 NaOH(aq)의 부피(V)를 측정한다.

〔실험 결과〕
○ V: 12 mL
○ 식초 A 1 g에 들어 있는 CH_3COOH의 질량: 0.09 g

w는? (단, 온도는 25℃로 일정하고, 중화 적정 과정에서 식초 A에 포함된 물질 중 CH_3COOH만 NaOH과 반응한다.)

① $\dfrac{4d_1}{d_2}$ ② $\dfrac{8d_1}{d_2}$ ③ $\dfrac{4d_2}{d_1}$ ④ $\dfrac{8d_2}{d_1}$ ⑤ $\dfrac{12d_2}{d_1}$

16. 다음은 ㉠과 ㉡에 대한 설명과 바닥상태 원자 A~E에 대한 자료이다. A~E의 원자 번호는 각각 7~13 중 하나이다.

○ ㉠: 바닥상태 전자 배치에서 전자가 2개 들어 있는 오비탈 중 에너지 준위가 가장 큰 오비탈
○ ㉡은 제1 이온화 에너지와 제2 이온화 에너지 중 하나이다.

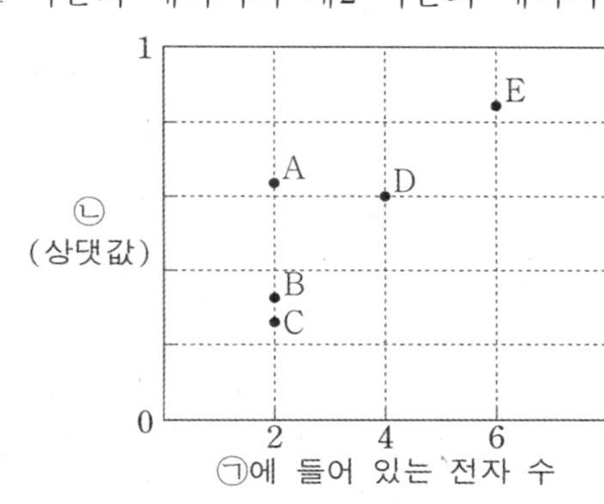

○ A~E의 홀전자 수 합은 5이다.

이에 대한 설명으로 옳은 것만을 <보기>에서 있는 대로 고른 것은? (단, A~E는 임의의 원소 기호이다.) [3점]

<보 기>
ㄱ. ㉡은 제2 이온화 에너지이다.
ㄴ. A~E에서 2주기 원소는 3가지이다.
ㄷ. 원자 반지름은 C > B > D이다.

① ㄱ ② ㄴ ③ ㄷ ④ ㄱ, ㄴ ⑤ ㄱ, ㄷ

17. 다음은 2가지 산화 환원 반응에 대한 자료이다. 원소 X와 Y의 산화물에서 산소(O)의 산화수는 -2이다.

○ 화학 반응식

(가) $X_2O + YO_2 \rightarrow X_2 + YO_3$

(나) $aXO_3^- + 3Y_2O_m^{2-} + bH^+ \rightarrow aXO + 6YO_4^{n-} + cH_2O$

　　　　　　　　　　　　　($a \sim c$는 반응 계수)

○ ㉠과 ㉡은 산화제와 환원제를 순서 없이 나타낸 것이다.

산화 환원 반응		(가)	(나)
화합물에서 X 또는 Y의 산화수	㉠	c	
	㉡		b

이에 대한 설명으로 옳은 것만을 <보기>에서 있는 대로 고른 것은? (단, X와 Y는 임의의 원소 기호이다.) [3점]

＜보 기＞

ㄱ. (가)에서 각 원자의 산화수 중 가장 큰 값은 $+6$이다.

ㄴ. ㉠은 환원제이다.

ㄷ. $\dfrac{m+n}{a} = \dfrac{1}{2}$이다.

---

① ㄱ　　② ㄴ　　③ ㄱ, ㄷ　　④ ㄴ, ㄷ　　⑤ ㄱ, ㄴ, ㄷ

18. 그림은 $1.4\,M$ $NaOH(aq)$ $V\,mL$에 $a\,M$ $H_2A(aq)$을 넣었을 때, 넣어 준 $a\,M$ $H_2A(aq)$의 부피에 따른 음이온 X와 Y의 몰 농도를 나타낸 것이다.

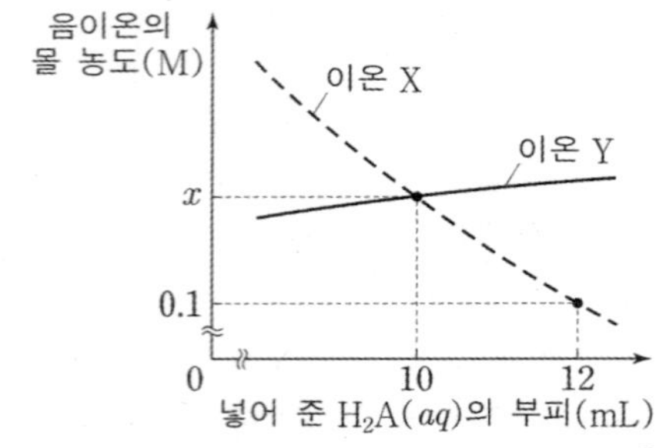

$\dfrac{x}{a}$는? (단, 혼합 용액의 부피는 혼합 전 각 용액의 부피의 합과 같고, H_2A는 수용액에서 H^+과 A^{2-}으로 모두 이온화되며, 물의 자동 이온화는 무시한다.) [3점]

① $\dfrac{1}{5}$　　② $\dfrac{3}{10}$　　③ $\dfrac{3}{5}$　　④ $\dfrac{9}{10}$　　⑤ $\dfrac{6}{5}$

19. 그림 (가)는 실린더에 $XZ_4(g)$와 $Y_2Z_4(g)$가 총 $5w\,g$ 들어 있는 것을, (나)는 (가)의 실린더에 $Y_2Z_4(g)$ $7w\,g$이 첨가된 것을 나타낸 것이다. 표는 (가)와 (나)에서 실린더에 들어 있는 기체에 대한 자료이다.

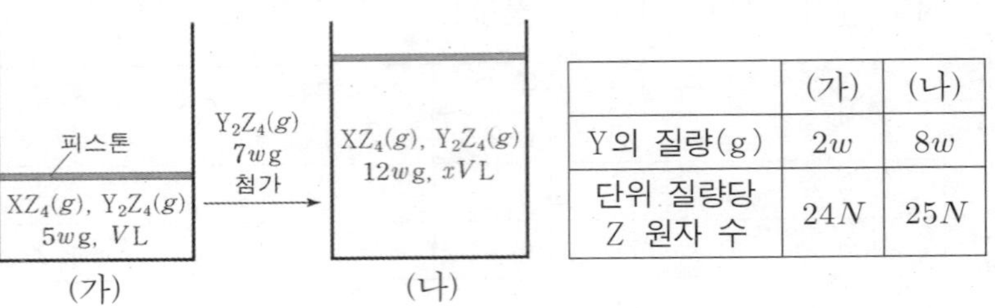

	(가)	(나)
Y의 질량(g)	$2w$	$8w$
단위 질량당 Z 원자 수	$24N$	$25N$

$x \times \dfrac{(가)에서\ X의\ 질량}{(나)에서\ Z의\ 질량}$은? (단, $X \sim Z$는 임의의 원소 기호이고, 실린더 속 기체의 온도와 압력은 일정하다.)

① 4　　② $\dfrac{7}{2}$　　③ $\dfrac{8}{3}$　　④ $\dfrac{7}{4}$　　⑤ $\dfrac{4}{3}$

20. 다음은 $A(g)$와 $B(g)$가 반응하여 $C(g)$를 생성하는 반응의 화학 반응식이다.

$$aA(g) + B(g) \rightarrow cC(g) \quad (a, c는 반응 계수)$$

표는 $A(g)$ $x\,g$이 들어 있는 실린더에 $B(g)$의 질량을 달리하여 넣고 반응을 완결시킨 실험 Ⅰ~Ⅲ에 대한 자료이다. $\dfrac{A의\ 분자량}{C의\ 분자량}$은 $\dfrac{1}{9}$이고, $\dfrac{Ⅲ에서\ 반응\ 전\ 전체\ 기체의\ 부피(L)}{Ⅱ에서\ 반응\ 후\ 전체\ 기체의\ 부피(L)} = \dfrac{3}{2}$이다.

실험	반응 전		반응 후	
	$A(g)$의 질량(g)	$B(g)$의 질량(g)	$A(g)$ 또는 $B(g)$의 질량(상댓값)	C의 밀도(상댓값)
Ⅰ	x	w	3	y
Ⅱ	x	$3w$	1	7
Ⅲ	x	$6w$		8

$x \times y$는? (단, 실린더 속 기체의 온도와 압력은 일정하다.) [3점]

① $\dfrac{7}{20w}$　　② $\dfrac{7}{16}w$　　③ $\dfrac{7}{12}w$　　④ $\dfrac{7}{10}w$　　⑤ $\dfrac{7}{6}w$

---
* 확인 사항

○ 답안지의 해당란에 필요한 내용을 정확히 기입(표기)했는지 확인하시오.

제 4 교시

과학탐구 영역(화학 I)

성명 □□□ 수험 번호 □□□□□ — □□□ 제 〔 〕 선택

화학 I

1. 그림은 화합물 XY_2를 화학 결합 모형으로 나타낸 것이다.

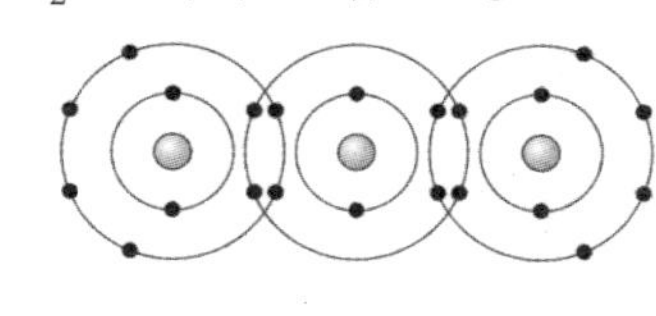

$$Y \quad X \quad Y$$

$\dfrac{Y의\ 원자가\ 전자\ 수}{X의\ 원자가\ 전자\ 수}$ 는? (단, X와 Y는 임의의 원소 기호이다.)

① $\dfrac{7}{6}$ ② $\dfrac{4}{3}$ ③ $\dfrac{3}{2}$ ④ $\dfrac{5}{3}$ ⑤ $\dfrac{11}{3}$

2. 다음은 일상생활에서 사용되는 물질 ㉠, ㉡과 관련된 화학 반응식이다.

$$㉠H-\overset{H}{\underset{H}{C}}-\overset{H}{\underset{H}{C}}-O-H + O_2 \rightarrow ㉡H-\overset{H}{\underset{H}{C}}-\overset{O}{C}-O-H + H_2O$$

이에 대한 설명으로 옳은 것만을 <보기>에서 있는 대로 고른 것은?

──── <보 기> ────
ㄱ. ㉠의 연소 반응은 발열 반응이다.
ㄴ. ㉡을 물에 녹인 수용액은 산성 수용액이다.
ㄷ. ㉠과 ㉡은 모두 탄소 화합물이다.

① ㄴ   ② ㄷ   ③ ㄱ, ㄴ   ④ ㄱ, ㄷ   ⑤ ㄱ, ㄴ, ㄷ

3. 다음은 학생 A가 수행한 탐구 활동이다.

〔가설〕
○ 18족을 제외한 2주기 원자들은 전기 음성도가 클수록 원자 반지름이 ┌─㉠─┐

〔탐구 과정 및 결과〕
○ 18족을 제외한 2주기 원자의 전기 음성도와 원자 반지름을 조사한다.

원자	Li	Be	B	C	N	O	F
전기 음성도	1.0	1.6	2.0	2.5	3.0	3.5	4.0
원자 반지름(pm)	152	113	88	77	70	66	64

〔결론〕
○ 가설은 옳다.

학생 A의 결론이 타당할 때, 이에 대한 설명으로 옳은 것만을 <보기>에서 있는 대로 고른 것은?

──── <보 기> ────
ㄱ. '작아진다.'는 ㉠으로 적절하다.
ㄴ. OF_2에는 극성 공유 결합이 있다.
ㄷ. CO_2에서 O는 부분적인 음전하(δ^-)를 띤다.

① ㄱ   ② ㄷ   ③ ㄱ, ㄴ   ④ ㄴ, ㄷ   ⑤ ㄱ, ㄴ, ㄷ

4. 그림은 1, 2주기 원자 W~Z로 구성된 물질 (가)~(다)의 루이스 전자점식을 나타낸 것이다.

$$W:\overset{..}{\underset{..}{X}}:W \qquad W:\overset{..}{\underset{..}{X}}:\overset{..}{\underset{..}{Y}}: \qquad Z^+\left[:\overset{..}{\underset{..}{X}}:W\right]^-$$
$$\text{(가)} \qquad\qquad \text{(나)} \qquad\qquad \text{(다)}$$

이에 대한 설명으로 옳은 것만을 <보기>에서 있는 대로 고른 것은? (단, W~Z는 임의의 원소 기호이다.)

──── <보 기> ────
ㄱ. W는 2주기 원소이다.
ㄴ. $Z(s)$는 연성(뽑힘성)이 있다.
ㄷ. Y와 Z의 안정한 화합물은 Y_2Z이다.

① ㄱ   ② ㄴ   ③ ㄷ   ④ ㄱ, ㄴ   ⑤ ㄴ, ㄷ

5. 표는 수소(H)와 2주기 원자 X~Z로 이루어진 분자 (가)~(다)에 대한 자료이고, 그림은 (가)~(다)의 바닥상태 중심 원자의 홀전자수와 분자의 결합각을 나타낸 것이다.

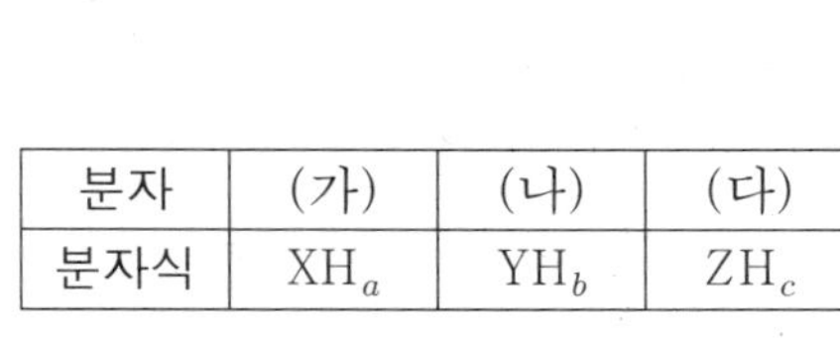

분자	(가)	(나)	(다)
분자식	XH_a	YH_b	ZH_c

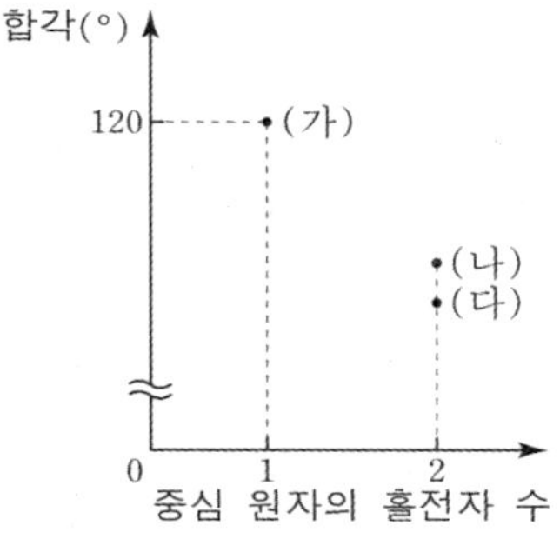

이에 대한 설명으로 옳은 것만을 <보기>에서 있는 대로 고른 것은? (단, X~Z는 임의의 원소 기호이다.) [3점]

──── <보 기> ────
ㄱ. $a=3$이다.
ㄴ. 원자 번호는 X>Y이다.
ㄷ. (다)의 분자 모양은 정사면체형이다.

① ㄱ   ② ㄴ   ③ ㄷ   ④ ㄱ, ㄴ   ⑤ ㄱ, ㄷ

6. 다음은 2주기 바닥상태 원자 X~Z에 대한 자료이다.

> ○ $\dfrac{\text{전자가 들어 있는 오비탈 수}}{\text{홀전자 수}}$ 는 $X:Y:Z=6:6:5$이다.
>
> ○ 원자가 전자가 느끼는 유효 핵전하는 $X > Y$이다.

이에 대한 설명으로 옳은 것만을 〈보기〉에서 있는 대로 고른 것은? (단, X~Z는 임의의 원소 기호이다.)

> ────〈보 기〉────
> ㄱ. X의 원자가 전자 수는 3이다.
> ㄴ. 전기 음성도는 $Z > X$이다.
> ㄷ. 원자 반지름은 $Y > Z$이다.

① ㄱ　　② ㄴ　　③ ㄱ, ㄷ　　④ ㄴ, ㄷ　　⑤ ㄱ, ㄴ, ㄷ

7. 그림은 실린더에 $A_nB_n(g)$와 $B_2(g)$를 넣고 반응을 완결시켰을 때, 반응 전과 후 실린더에 존재하는 물질을 나타낸 것이다. 실린더 속 전체 기체의 밀도는 반응 전과 후가 같다.

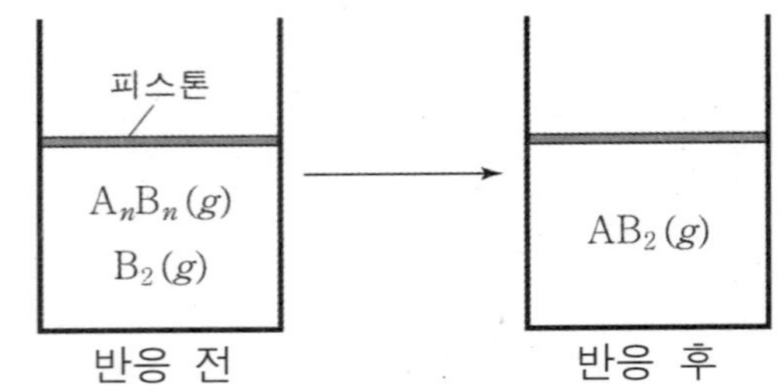

n은? (단, A와 B는 임의의 원소 기호이고, 온도와 압력은 일정하다.)

① 1　　② 2　　③ 3　　④ 4　　⑤ 5

8. 표는 크기가 다른 두 밀폐된 용기 (가)와 (나)에 각각 $X(l)$를 넣은 후 시간에 따른 (가)에서 $\dfrac{X(l)\text{의 증발 속도}}{X(g)\text{의 응축 속도}}$ 와 (가)와 (나)에서 기체의 양(mol) 합을 나타낸 것이다. $0 < t_1 < t_2 < t_3 < t_4$이고, (가)에서 t_2일 때 $X(l)$과 $X(g)$는 동적 평형에 도달했다.

시간	t_1	t_2	t_3	t_4
(가)에서 $\dfrac{X(l)\text{의 증발 속도}}{X(g)\text{의 응축 속도}}$	a	1		
(가)와 (나)에서 기체의 양(mol) 합	b	0.8	1.5	1.5

이에 대한 설명으로 옳은 것만을 〈보기〉에서 있는 대로 고른 것은? (단, 온도는 일정하다.) [3점]

> ────〈보 기〉────
> ㄱ. t_3일 때 (나)에서 $X(l)$와 $X(g)$는 동적 평형 상태이다.
> ㄴ. $a < 1$이다.
> ㄷ. $b > 0.8$이다.

① ㄱ　　② ㄴ　　③ ㄷ　　④ ㄱ, ㄷ　　⑤ ㄴ, ㄷ

9. 그림은 바닥상태 원자 X~Z의 전자가 들어 있는 오비탈 수와 $\dfrac{p\ \text{오비탈에 들어 있는 전자 수}}{\text{전자가 2개 들어 있는 오비탈 수}}$ 를 나타낸 것이다.

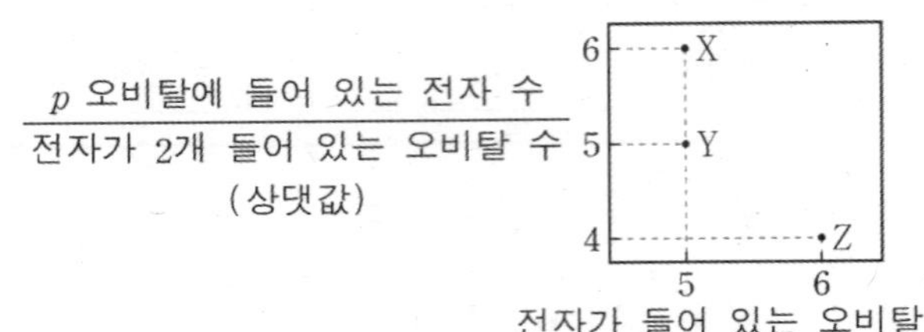

이에 대한 설명으로 옳은 것만을 〈보기〉에서 있는 대로 고른 것은? (단, X~Z는 임의의 원소 기호이다.) [3점]

> ────〈보 기〉────
> ㄱ. 원자가 전자가 느끼는 유효 핵전하는 $X > Y$이다.
> ㄴ. Z는 3주기 원소이다.
> ㄷ. 전자가 2개 들어 있는 p 오비탈 수는 $Z > X$이다.

① ㄱ　　② ㄷ　　③ ㄱ, ㄴ　　④ ㄴ, ㄷ　　⑤ ㄱ, ㄴ, ㄷ

10. 그림 (가)는 18족을 제외한 원자 W~Y의 제n 이온화 에너지에 대한 제$(n+1)$ 이온화 에너지의 비 $\left(\dfrac{E_{n+1}}{E_n}\right)$를, (나)는 바닥상태 원자 X~Z의 원자 반지름에 대한 제1 이온화 에너지를 나타낸 것이다. W~Z의 원자 번호는 각각 6~14 중 하나이며, 홀전자 수는 Y와 Z가 같다.

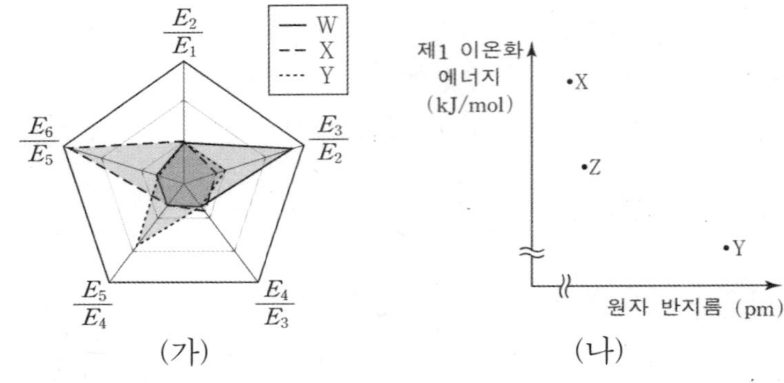

이에 대한 설명으로 옳은 것만을 〈보기〉에서 있는 대로 고른 것은? (단, W~Z는 임의의 원소 기호이다.) [3점]

> ────〈보 기〉────
> ㄱ. Ne의 전자배치를 가지는 이온의 반지름은 $X > W$이다.
> ㄴ. Y와 Z는 같은 족 원소이다.
> ㄷ. 제2 이온화 에너지는 $Z > X$이다.

① ㄴ　　② ㄷ　　③ ㄱ, ㄴ　　④ ㄱ, ㄷ　　⑤ ㄴ, ㄷ

11. 다음은 X, Y와 관련된 산화 환원 반응에 대한 자료이다. X, Y의 산화물에서 산소(O)의 산화수는 -2이다.

> ○ 화학 반응식:
> $$a\,XO_m^- + b\,YO^{n+} + c\,H_2O \rightarrow a\,X^{n+} + b\,YO_2^{(n-1)+} + d\,H^+$$
> $(a \sim d$는 반응 계수)
> ○ 반응물에서 산화제와 환원제는 $1:5$의 몰비로 반응한다.
> ○ XO_m^- 1mol이 반응할 때 생성된 H^+의 양은 $n$mol이다.

$m+n$은? (단, X와 Y은 임의의 원소 기호이다.) [3점]

① 2　　② 3　　③ 4　　④ 5　　⑤ 6

12. 다음은 $t°C$, 1기압에서 실린더 (가)에 들어 있는 $XF(g)$에 대한 자료이다.

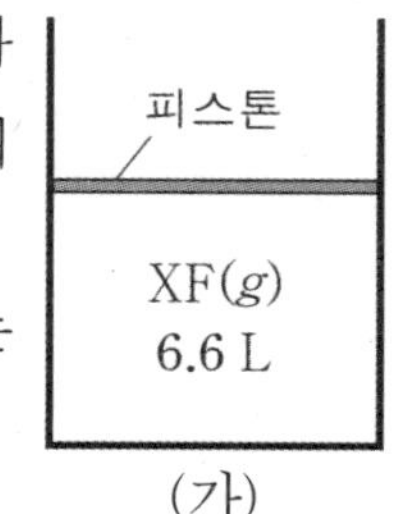

- 자연계에서 F는 ^{19}F으로만, X는 ^{79}X와 ^{81}X로만 존재하고, X와 F의 각 동위 원소의 존재 비율은 자연계에서와 (가)에서가 같다.
- (가)에 들어 있는 $XF(g)$의 밀도는 $3.75g/L$이고, $\dfrac{중성자수}{양성자수} = \dfrac{5}{4}$이다.
- $t°C$, 1기압에서 기체 $1mol$의 부피는 $26.4L$이다.

이에 대한 설명으로 옳은 것만을 <보기>에서 있는 대로 고른 것은? (단, F의 원자 번호는 9이고, X는 임의의 원소 기호이며, ^{19}F, ^{79}X, ^{81}X의 원자량은 각각 19.0, 79.0, 81.0이다.) [3점]

<보 기>
ㄱ. (가)에 들어 있는 양성자의 양(mol)은 $11mol$이다.
ㄴ. 자연계에서 X의 평균 원자량은 80이다.
ㄷ. X의 원자 번호는 35이다.

① ㄴ ② ㄷ ③ ㄱ, ㄴ ④ ㄱ, ㄷ ⑤ ㄱ, ㄴ, ㄷ

13. 다음은 금속 A~C의 산화 환원 반응 실험이다.

〔실험 과정〕
(가) $A(s)$ $m mol$이 들어 있는 비커에 B^{b+} $4N mol$을 넣어 반응을 완결시켰다.
(나) (가)의 수용액에 B^{b+} $8N mol$을 넣어 반응을 완결시켰다.
(다) (나)의 수용액에 충분한 양의 $C(s)$를 넣어 반응을 완결시켰다.

〔실험 결과〕
○ 각 과정에서 반응이 완결된 후 용액 내 양이온의 종류와 양(mol)에 대한 자료

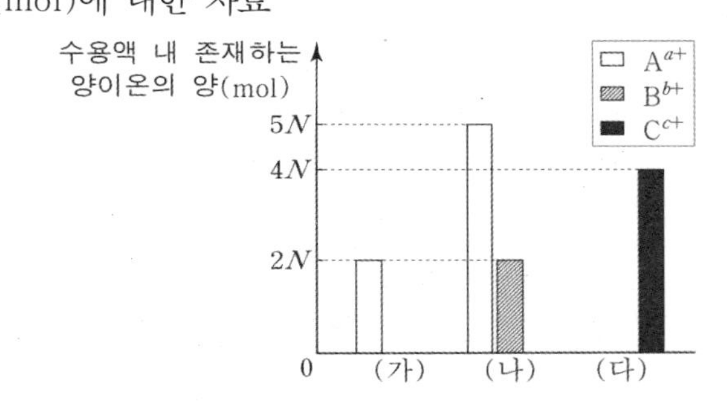

이에 대한 설명으로 옳은 것만을 <보기>에서 있는 대로 고른 것은? (단, A~C는 임의의 원소 기호이고, A~C는 물과 반응하지 않으며, 음이온은 반응에 참여하지 않는다.) [3점]

<보 기>
ㄱ. (다)에서 $C(s)$는 산화제로 작용한다.
ㄴ. $c = 3a$이다.
ㄷ. $B^{b+}(aq)$ $m mol$이 들어 있는 비커에 충분한 양의 $C(s)$를 넣어 반응을 완결시켰을 때 생성된 $C^{c+}(aq)$는 $\dfrac{5}{3}N mol$이다.

① ㄴ ② ㄷ ③ ㄱ, ㄴ ④ ㄱ, ㄷ ⑤ ㄱ, ㄴ, ㄷ

14. 다음은 오비탈을 분류하기 위한 기준 Ⅰ~Ⅲ과 이 기준에 따라 바닥상태 인(P) 원자에서 전자가 들어 있는 모든 오비탈을 분류한 벤 다이어그램이다. n은 주 양자수이고, l은 방위(부) 양자수이며, m_l은 자기 양자수이다.

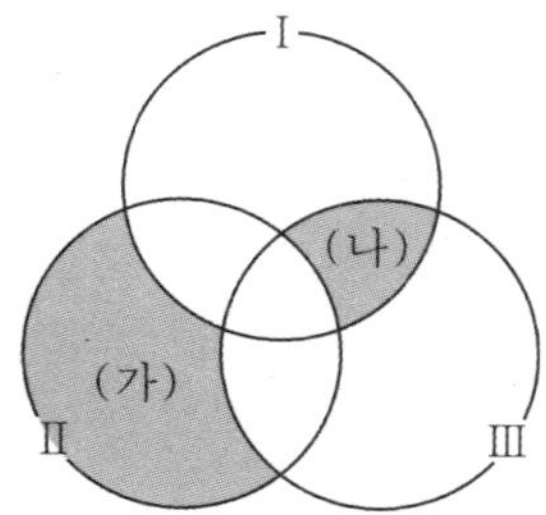

분류 기준
Ⅰ: 원자가 전자가 들어 있는 오비탈
Ⅱ: $n+l=3$인 오비탈
Ⅲ: $m_l=0$인 오비탈

그림의 색칠된 부분 (가)와 (나)에 들어갈 오비탈의 수로 옳은 것은? [3점]

	(가)	(나)		(가)	(나)
①	1	0	②	1	1
③	2	1	④	2	2
⑤	3	2			

15. 그림은 밀도가 $d_1 g/mL$인 $2aM$ $A(aq)$ $6g$에 밀도가 $d_2 g/mL$ aM $A(aq)$을 넣었을 때, 넣어 준 aM $A(aq)$의 질량에 따른 혼합된 $A(aq)$의 몰 농도(M)를 나타낸 것이다.

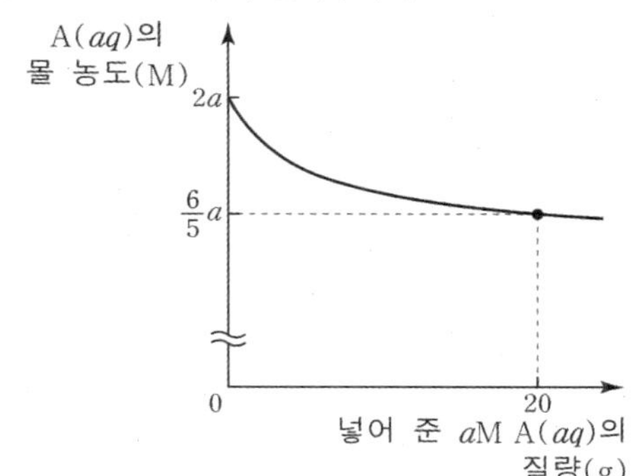

$\dfrac{d_2}{d_1}$ 는? (단, 온도는 일정하고, 혼합 용액의 부피는 혼합 전 각 용액의 부피의 합과 같다.)

① $\dfrac{7}{12}$ ② $\dfrac{2}{3}$ ③ $\dfrac{3}{4}$ ④ $\dfrac{5}{6}$ ⑤ $\dfrac{11}{12}$

16. 표는 $25°C$의 물질 (가)와 (나)에 대한 자료이다.

물질	pH	H_3O^+의 양(mol) (상댓값)	$[OH^-]$(상댓값)
(가)	x	300	1
(나)	$4x$	1	10^3

이에 대한 설명으로 옳은 것만을 <보기>에서 있는 대로 고른 것은? (단, $25°C$에서 물의 이온화 상수(K_w)는 1×10^{-14}이다.)

<보 기>
ㄱ. (나)는 산성 물질이다.
ㄴ. $x=2$이다.
ㄷ. OH^-의 양(mol)은 (나)가 (가)의 300배이다.

① ㄱ ② ㄴ ③ ㄱ, ㄷ ④ ㄴ, ㄷ ⑤ ㄱ, ㄴ, ㄷ

17. 다음은 중화 적정을 이용하여 $X(l)$ 1g에 들어 있는 CH_3COOH의 질량을 알아보기 위한 실험이다.

[자료]
- 25℃에서 $X(l)$의 밀도: dg/mL
- CH_3COOH의 분자량: 60
- $NaOH$의 화학식량: 40

[실험 과정 및 결과]
(가) $X(l)$ 5mL에 물을 넣어 30mL $X(aq)$을 만들었다.
(나) (가)의 수용액 10mL에 페놀프탈레인 용액을 2~3방울 넣고 $NaOH(s)$ xg을 녹여 만든 100mL $NaOH(aq)$으로 적정하였을 때, 수용액 전체가 붉은색으로 변하는 순간까지 넣어 준 $NaOH(aq)$의 부피는 VmL이었다.
(다) (나)의 적정 결과로부터 구한 $X(l)$ 1g에 들어 있는 CH_3COOH의 질량은 0.2g였다.

x는? (단, 온도는 25℃로 일정하고, 중화 적정 과정에서 X에 포함된 물질 중 CH_3COOH만 $NaOH$과 반응한다.)

① $\dfrac{d}{45V}$　② $\dfrac{d}{9V}$　③ $\dfrac{2d}{9V}$　④ $\dfrac{20d}{9V}$　⑤ $\dfrac{200d}{9V}$

18. 다음은 $A(g)$와 $B(g)$가 반응하여 $C(g)$를 생성하는 반응의 화학 반응식이다.

$$A(g) + bB(g) \rightarrow C(g) \qquad (b는 반응 계수)$$

표는 $A(g)$가 들어 있는 실린더에 $B(g)$의 질량을 달리하여 넣고 반응을 완결시킨 실험 I~IV에 대한 자료이다. IV에서 남은 반응물은 $B(g)$이고, 반응 후 남은 반응물의 질량 비는 II : III = 1 : 4이다.

실험	I	II	III	IV
첨가한 B의 질량(g)	w	$2w$	$5w$	x
C의 밀도(상댓값)	3	1	$\dfrac{1}{3}$	$\dfrac{1}{4}$

$b \times x$는? (단, 실린더 속 기체의 온도와 압력은 일정하다.)

① $12w$　② $13w$　③ $14w$　④ $15w$　⑤ $16w$

19. 표는 t℃, 1기압에서 실린더 (가)와 (나)에 들어 있는 기체에 대한 자료이다.

실린더	기체의 질량(g)		밀도 (g/L)	$\dfrac{\text{X 원자 수}}{\text{Y 원자 수}}$	$\dfrac{\text{Z의 질량(g)}}{\text{X의 질량(g)}}$
	$X_aY_b(g)$	$X_aY_cZ_a(g)$			
(가)	w	$2w$	$54d$	$\dfrac{11}{28}$	$\dfrac{32}{33}$
(나)	$2w$	$3w$	$55d$	$\dfrac{3}{8}$	x

$x \times \dfrac{b}{c}$는? (단, X~Z는 임의의 원소 기호이고, 모든 기체는 반응하지 않는다.) [3점]

① $\dfrac{5}{3}$　② $\dfrac{16}{9}$　③ $\dfrac{17}{9}$　④ 2　⑤ $\dfrac{19}{9}$

20. 다음은 중화 반응에 대한 실험이다.

[자료]
- 수용액에서 H_2A는 H^+과 A^{2-}으로, KOH은 K^+과 OH^-으로 모두 이온화된다.

[실험 과정]
(가) aM $H_2A(aq)$, bM $NaOH(aq)$, cM $KOH(aq)$를 준비한다.
(나) $H_2A(aq)$ VmL에 $NaOH(aq)$을 조금씩 넣는다.
(다) $H_2A(aq)$ VmL에 $KOH(aq)$을 조금씩 넣는다.

[실험 결과]
- (나)와 (다)에서 첨가한 용액의 부피에 따른 모든 음이온의 몰 농도(M) 합

과정		I	II	III
첨가한 염기 용액의 부피(mL)		10	20	x
혼합 용액 내 모든 음이온의 몰 농도(M) 합 (상댓값)	(나)	1	$\dfrac{2}{3}$	$3k$
	(다)	1	$\dfrac{14}{15}$	$5k$

- III에서 (나)와 (다)의 액성은 같다.
- (나)의 II에서 H^+의 몰 농도(M)와 (다)의 II에서 OH^-의 몰 농도(M)는 같다.

$x \times \dfrac{b}{a}$는? (단, 혼합 용액의 부피는 혼합 전 각 용액의 부피의 합과 같고, 물의 자동 이온화는 무시한다.) [3점]

① 10　② 20　③ 30　④ 40　⑤ 50

[* 확인 사항]
- 답안지의 해당란에 필요한 내용을 정확히 기입(표기)했는지 확인 하시오.

과학탐구 영역(화학 I)

1

| 성명 | | 수험 번호 | | | | | − | | | 제〔 〕선택 |

---

1. 다음은 일상생활에서 이용되고 있는 물질 ㉠~㉢에 대한 자료이다.

○ ㉠메테인(CH_4)을 연소하여 물을 끓인다.

○ 의료용 소독제의 원료로 사용되는 [㉡]을/를 산화시켜 ㉢아세트산(CH_3COOH)을 만들 수 있다.

이에 대한 설명으로 옳은 것만을 <보기>에서 있는 대로 고른 것은?

<보 기>
ㄱ. ㉠의 연소가 일어날 때 주위의 열이 흡수된다.
ㄴ. 에탄올(C_2H_5OH)은 ㉡으로 적절하다.
ㄷ. ㉠과 ㉢은 탄화수소다.

① ㄱ ② ㄴ ③ ㄷ ④ ㄱ, ㄷ ⑤ ㄴ, ㄷ

---

2. 그림은 원자 X~Z로 구성된 분자 (가)와 (나)의 구조식과 결합의 쌍극자 모멘트를 나타낸 것이다. X~Z는 각각 C, O, F 중 하나이고, (가)와 (나)에서 다중 결합은 나타내지 않았다.

$$\overset{}{X-Y-X} \qquad \overset{Y}{X-Z-X}$$

(가)   (나)

이에 대한 설명으로 옳은 것만을 <보기>에서 있는 대로 고른 것은?

<보 기>
ㄱ. X는 F이다.
ㄴ. ZY_2에서 Z는 부분적인 음전하(δ^-)를 띤다.
ㄷ. 다중 결합의 수는 (가)와 (나)가 같다.

① ㄱ ② ㄴ ③ ㄷ ④ ㄱ, ㄴ ⑤ ㄴ, ㄷ

---

3. 그림은 실린더에 $X_nY_{2n+2}(g)$와 $Z_2(g)$를 넣고 반응을 완결시켰을 때, 반응 전과 후 실린더에 존재하는 물질을 나타낸 것이다. 실린더 속 기체의 밀도는 반응 후가 반응 전의 $\frac{9}{10}$배이다.

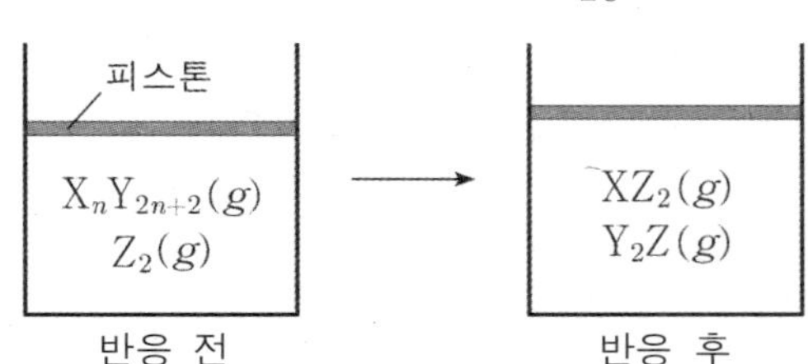

반응 전 실린더 속 $\dfrac{Z_2의\ 양(mol)}{X_nY_{2n+2}의\ 양(mol)}$은? (단, X~Z는 임의의 원소 기호이고, 실린더 속 기체의 온도와 압력은 일정하다.) [3점]

① 3 ② $\dfrac{13}{4}$ ③ $\dfrac{7}{2}$ ④ $\dfrac{15}{4}$ ⑤ 4

---

4. 그림은 화합물 AB와 B_2C_2를 화학 결합 모형으로 나타낸 것이다.

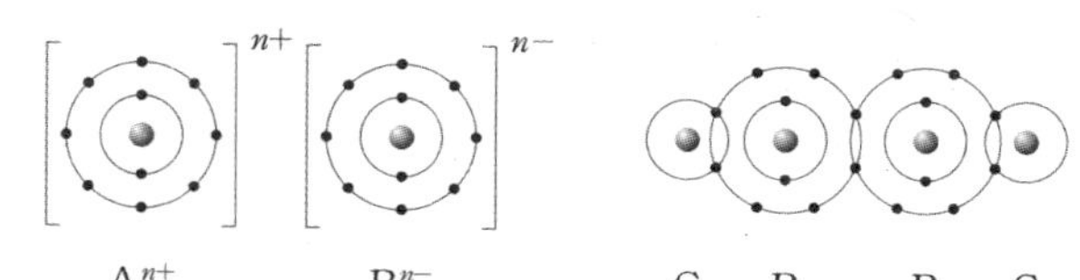

이에 대한 설명으로 옳은 것만을 <보기>에서 있는 대로 고른 것은? (단, A~C는 임의의 원소 기호이다.)

<보 기>
ㄱ. A(s)는 연성(뽑힘성)이 있다.
ㄴ. C_2는 공유 결합 물질이다.
ㄷ. $n=2$이다.

① ㄱ ② ㄷ ③ ㄱ, ㄴ ④ ㄴ, ㄷ ⑤ ㄱ, ㄴ, ㄷ

---

5. 표는 25℃에서 물이 담긴 비커에 충분한 양의 설탕을 넣은 후 시간에 따른 비커 속 ㉠을, 그림은 $2t$일 때 비커 속 상태를 나타낸 것이다. ㉠은 설탕 수용액의 몰 농도(M)와 녹지 않은 설탕의 질량(g) 중 하나이고, $2t$일 때 설탕 수용액은 용해 평형 상태에 도달하였다. $0 < x < y$이다.

시간	t	$2t$	$3t$
㉠(상댓값)	x	y	y

이에 대한 설명으로 옳은 것만을 <보기>에서 있는 대로 고른 것은? (단, 온도는 25℃로 일정하고, 물의 증발은 무시한다.)

<보 기>
ㄱ. ㉠은 설탕 수용액의 몰 농도(M)이다.
ㄴ. 설탕의 석출 속도는 $2t$일 때가 t일 때보다 작다.
ㄷ. 녹지 않은 설탕의 질량(g)은 $2t$일 때와 $3t$일 때가 같다.

① ㄱ ② ㄴ ③ ㄱ, ㄷ ④ ㄴ, ㄷ ⑤ ㄱ, ㄴ, ㄷ

---

6. 표는 NaCl(l) 용융액과 소량의 Na_2SO_4를 첨가한 물을 각각 전기 분해할 때 두 전극에서 생성되는 물질을 나타낸 것이다.

전극	(−)극	(+)극
NaCl	Na(s)	$A_2(g)$
소량의 Na_2SO_4를 첨가한 물	$B_2(g)$	$C_2(g)$

이에 대한 설명으로 옳은 것만을 <보기>에서 있는 대로 고른 것은? (단, A~C는 임의의 원소 기호이다.) [3점]

<보 기>
ㄱ. NaCl은 이온 결합 물질이다.
ㄴ. $A_2(g)$ 분자에는 공유 결합이 존재한다.
ㄷ. 생성되는 $B_2(g)$와 $C_2(g)$의 몰수의 비는 1:2이다.

① ㄱ ② ㄷ ③ ㄱ, ㄴ ④ ㄴ, ㄷ ⑤ ㄱ, ㄴ, ㄷ

7. 다음은 바닥상태 아르곤(Ar)의 전자 배치에서 전자가 들어 있는 오비탈 (가)~(라)에 대한 자료이다. n은 주 양자수, l은 방위(부) 양자수, m_l은 자기 양자수이다.

> ○ $n+l$는 (가)>(나)=(다)이다.
> ○ 에너지 준위는 (나)>(다)=(라)이다.
> ○ m_l는 (다)>(가)>(라)이다.

이에 대한 설명으로 옳은 것만을 <보기>에서 있는 대로 고른 것은? [3점]

> ─────<보 기>─────
> ㄱ. (가)는 $3s$이다.
> ㄴ. (다)의 $l+m_l = 2$이다.
> ㄷ. (가)~(라) 중 $n-l$가 가장 큰 오비탈은 (나)이다.

① ㄱ ② ㄷ ③ ㄱ, ㄴ ④ ㄴ, ㄷ ⑤ ㄱ, ㄴ, ㄷ

8. 표는 $25\,^\circ\mathrm{C}$에서 $A(l)$ 또는 $B(l)$를 용질로 가지는 수용액 (가)~(다)에 대한 자료이다. A와 B의 분자량은 각각 a와 $\frac{3}{2}a$이다.

수용액	(가)	(나)	(다)
용질	$A(l)$	$A(l)$	$B(l)$
몰 농도(M)	0.6	0.2	0.2
용질의 질량(g)		$2x$	x
부피(mL)	$2V$		V

(가)와 (나)를 혼합하여 만든 $A(aq)$의 몰 농도(M)는? (단, 온도는 $25\,^\circ\mathrm{C}$로 일정하고, 혼합 용액의 부피는 혼합 전 각 용액의 부피의 합과 같다.) [3점]

① $\frac{8}{25}$ ② $\frac{17}{50}$ ③ $\frac{9}{25}$ ④ $\frac{19}{50}$ ⑤ $\frac{4}{5}$

9. 다음은 금속 A~C의 산화 환원 반응 실험이다.

> [실험 과정]
> (가) A^+ N mol이 들어 있는 수용액 V mL를 비커 I, II에 각각 넣는다.
> (나) I과 II에 각각 충분한 양의 $B(s)$와 $C(s)$를 넣어 반응을 완결시킨다.
>
> [실험 결과]
> ○ A^+과 반응한 B와 C는 각각 B^{b+}과 C^{c+}이 되었다.
> ○ 반응 후 비커 속 양이온의 몰수 비는 I : II = 2 : 3이다.

이에 대한 설명으로 옳은 것만을 <보기>에서 있는 대로 고른 것은? (단, A~C는 임의의 원소 기호이고 물과 반응하지 않으며, 음이온은 반응에 참여하지 않는다. b와 c는 3 이하의 자연수이다.)

> ─────<보 기>─────
> ㄱ. (나)에서 A^+은 환원제로 작용한다.
> ㄴ. $c=2$이다.
> ㄷ. 반응 후 I에 들어 있는 양이온의 양은 $\frac{1}{3}N$ mol이다.

① ㄱ ② ㄴ ③ ㄱ, ㄷ ④ ㄴ, ㄷ ⑤ ㄱ, ㄴ, ㄷ

10. 다음은 학생 A가 수행한 탐구 활동이다.

> [학습 내용]
> ○ 비공유 전자쌍 사이의 반발력이 공유 전자쌍 사이의 반발력보다 크다.
>
> [탐구 목적]
> ○ 풍선으로 만든 전자쌍 모형에서 풍선의 배열 모습을 통해 중심 원자의 전자쌍이 4개인 분자에서 중심 원자의 비공유 전자쌍 수에 따른 결합각의 크기를 예측한다.
>
> [탐구 과정]
> (가) 같은 크기의 작은 풍선 4개를 각각 매듭끼리 묶은 후 배열된 작은 풍선 사이의 결합각을 측정한다.
> (나) (가)의 풍선보다 크기가 큰 풍선의 개수를 1개씩 늘려가며 (가)를 반복한다.
>
> [탐구 결과]
> ○ 큰 풍선의 개수에 따른 풍선의 배열
>
> 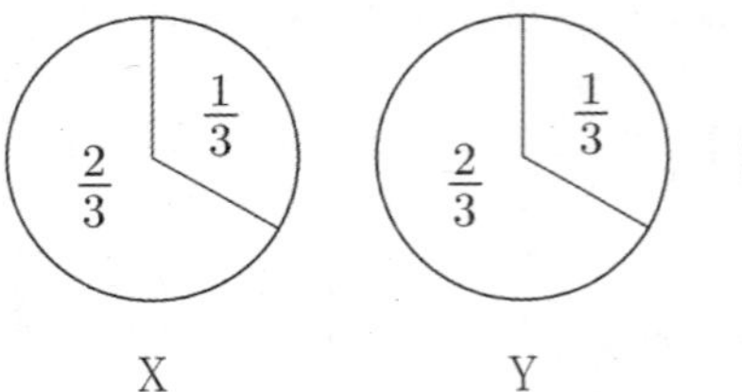
>
> | 큰 풍선의 개수 | 0 | 1 | 2 |
> |---|---|---|---|
> | 풍선 배열 | | | |
>
> ○ 큰 풍선의 개수가 많아질수록 작은 풍선 사이 결합각은 작아졌다.
>
> [결론]
> ○ 풍선의 크기는 전자쌍 사이의 반발력에 비유할 수 있다.
> ○ 중심 원자의 [㉠]가 많아질수록 결합각은 작아진다.
> ○ CH_4, NH_3, H_2O의 결합각을 비교하면 [㉡]이다.

학생 A의 결론이 타당할 때, 이에 대한 설명으로 옳은 것만을 <보기>에서 있는 대로 고른 것은? [3점]

> ─────<보 기>─────
> ㄱ. 중심 원자의 전자쌍 수가 같아도 분자의 결합각이 달라질 수 있다.
> ㄴ. '공유 전자쌍 수'는 ㉠으로 적절하다.
> ㄷ. ㉡은 '$H_2O > NH_3 > CH_4$'이다.

① ㄱ ② ㄴ ③ ㄷ ④ ㄱ, ㄴ ⑤ ㄴ, ㄷ

11. 그림은 2, 3주기 바닥상태 원자 X~Z에서 s 오비탈과 p 오비탈에 들어 있는 전자 수의 비율을 나타낸 것이다. 원자가 전자가 느끼는 유효 핵전하는 Y > X이고, Y와 Z는 같은 주기 원소이다.

X: $\frac{1}{3}$, $\frac{2}{3}$ Y: $\frac{1}{3}$, $\frac{2}{3}$ Z: $\frac{2}{5}$, $\frac{3}{5}$

이에 대한 설명으로 옳은 것만을 <보기>에서 있는 대로 고른 것은? (단, X~Z는 임의의 원소 기호이다.)

> ─────<보 기>─────
> ㄱ. X는 2주기 원소이다.
> ㄴ. p 오비탈에 들어 있는 전자 수는 Y : Z = 4 : 3이다.
> ㄷ. X~Z의 홀전자 수의 합은 5이다.

① ㄱ ② ㄷ ③ ㄱ, ㄴ ④ ㄴ, ㄷ ⑤ ㄱ, ㄴ, ㄷ

12. 다음은 원자 W ~ Z에 대한 자료이다.

○ W ~ Z는 각각 O, F, Na, Mg 중 하나이다.
○ ㉠ ~ ㉢은 각각 이온 반지름, 제1 이온화 에너지, 제2 이온화 에너지 중 하나이다.

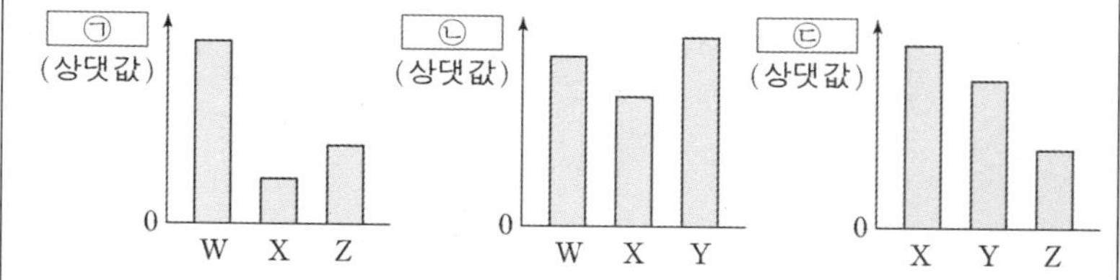

이에 대한 설명으로 옳은 것만을 〈보기〉에서 있는 대로 고른 것은? (단, W ~ Z는 임의의 원소 기호이다.) [3점]

───〈보 기〉───
ㄱ. ㉡은 이온 반지름이다.
ㄴ. $\dfrac{\text{제1 이온화 에너지}}{\text{원자 반지름}}$ 는 X > Z이다.
ㄷ. 원자가 전자가 느끼는 유효 핵전하는 W > Y이다.

① ㄱ　② ㄴ　③ ㄱ, ㄷ　④ ㄴ, ㄷ　⑤ ㄱ, ㄴ, ㄷ

13. 표는 원자 X ~ Z로 구성된 분자 (가) ~ (라)에 대한 자료이다. X ~ Z는 각각 C, O, F 중 하나이고, (다)에서 분자당 Y 원자 수는 2 이하이다. 분자에서 모든 원자는 옥텟 규칙을 만족한다.

분자	(가)	(나)	(다)	(라)
구성 원소	X, Y	X, Z	Y, Z	Y, Z
분자당 구성 원자 수	3	4	a	$a-1$
공유 전자쌍 수	4	3	a	b

이에 대한 설명으로 옳은 것만을 <보기>에서 있는 대로 고른 것은? [3점]

───〈보 기〉───
ㄱ. 비공유 전자쌍 수는 (나)가 (가)의 3배다.
ㄴ. (다)는 Y_2Z_4이다.
ㄷ. $a+b=10$이다.

① ㄴ　② ㄷ　③ ㄱ, ㄴ　④ ㄱ, ㄷ　⑤ ㄴ, ㄷ

14. 다음은 금속 M과 관련된 산화 환원 반응의 화학 반응식과 이에 대한 자료이다. M의 산화물에서 산소(O)의 산화수는 −2이다.

○ 화학 반응식:
　(가) $M + NO_x^- + aH^+ \rightarrow M^{x+} + NO + bH_2O$
　(나) $M_2O_y^{2-} + cSO_2^{2-} + dH^+ \rightarrow 2M^{x+} + cSO_3^{2-} + eH_2O$
　　　　　　　　　　　　　　　　 ($a \sim e$는 반응 계수)
○ 반응 전과 후 M의 산화수 변화는 (가)와 (나)에서 같다.

$\dfrac{b+d}{x+y}$ 는? (단, M은 임의의 원소 기호이다.)

① $\dfrac{4}{5}$　② $\dfrac{9}{10}$　③ 1　④ $\dfrac{11}{10}$　⑤ $\dfrac{6}{5}$

15. 표는 이온 결합 물질 (가) ~ (다)에 대한 자료이다. ㉠ ~ ㉣은 각각 원자 번호 7 ~ 13 중 한 원자의 이온이며, 모두 Ne의 전자 배치를 가진다. $\dfrac{\text{중성자 수}}{\text{양성자 수}}$ 는 ㉠ : ㉡ = 14 : 15이다.

이온 결합 물질	(가)		(나)		(다)	
구성 이온	㉠	㉡	㉠	㉢	㉢	㉣
$\dfrac{\text{전자 수}}{\text{중성자 수}}$	$\dfrac{5}{7}$	1	$\dfrac{5}{7}$	1	1	$\dfrac{5}{7}$
이온 결합 물질 1mol당 이온의 양(mol)	1	2	a	b	3	c

이에 대한 설명으로 옳은 것만을 〈보기〉에서 있는 대로 고른 것은? [3점]

───〈보 기〉───
ㄱ. $a+b+c=4$이다.
ㄴ. 물질 1mol당 $\dfrac{\text{중성자 수}}{\text{양성자 수}}$ 는 (가)가 (나)보다 작다.
ㄷ. ㉡과 ㉣이 이루는 안정한 화합물 1mol에 들어 있는 중성자의 양은 44mol이다.

① ㄱ　② ㄷ　③ ㄱ, ㄴ　④ ㄴ, ㄷ　⑤ ㄱ, ㄴ, ㄷ

16. 다음은 아세트산(CH_3COOH) 수용액에 대한 실험이다.

〔자료〕
○ 수용액의 밀도(d)는 0.25 (g/mL)이다.
○ CH_3COOH의 분자량: a

〔실험 과정〕
(가) $CH_3COOH(aq)$를 준비한다.
(나) (가)의 수용액 x g에 물을 넣어 50 mL 수용액을 만든다.
(다) (나)에서 만든 수용액 25 mL를 삼각 플라스크에 넣고 페놀프탈레인 용액 몇 방울을 떨어뜨린다.
(라) (다) 수용액이 들어 있는 삼각 플라스크에 0.4 M NaOH(aq)를 한 방울씩 떨어뜨리면서 삼각 플라스크를 흔들어 준다.
(마) (라)의 삼각 플라스크 속 수용액 전체의 색이 ㉠으로 변하는 순간 적정을 멈추고 적정에 사용된 NaOH(aq)의 부피(V)를 측정한다.

〔실험 결과〕
○ V : 30 mL
○ $CH_3COOH(aq)$의 퍼센트 농도: 6%

이에 대한 설명으로 옳은 것만을 <보기>에서 있는 대로 고른 것은?

───〈보 기〉───
ㄱ. ㉠은 '붉은색'이다.
ㄴ. $x=0.4a$이다.
ㄷ. $CH_3COOH(aq)$의 몰농도는 $\dfrac{15}{a}$ M이다.

① ㄱ　② ㄷ　③ ㄱ, ㄴ　④ ㄴ, ㄷ　⑤ ㄱ, ㄴ, ㄷ

17. 다음은 25℃에서 수용액 (가)~(다)에 대한 자료이다.

수용액	(가)	(나)	(다)
pH	a	$3a$	b
$\dfrac{H_3O^+\text{의 양(mol)}}{OH^-\text{의 양(mol)}}$ (상댓값)	10^{12}	1	

○ (가)~(다)의 pH와 $\dfrac{H_3O^+\text{의 양(mol)}}{OH^-\text{의 양(mol)}}$

○ 부피는 (가) : (나) = 1 : 10이다.

○ H_3O^+의 양(mol)은 (가)와 (다)가 같다.

○ OH^-의 양(mol)은 (나)와 (다)가 같다.

이에 대한 설명으로 옳은 것만을 <보기>에서 있는 대로 고른 것은? (단, 25℃에서 물의 이온화 상수(K_w)는 1×10^{-14}이다.)

─────────〈보 기〉─────────
ㄱ. (가)의 액성은 산성이다.

ㄴ. $\dfrac{\text{(나)에서 } H_3O^+\text{의 양(mol)}}{\text{(가)에서 } OH^-\text{의 양(mol)}}=10^4$이다.

ㄷ. $b=6.5$이다.

① ㄱ ② ㄴ ③ ㄱ, ㄴ ④ ㄱ, ㄷ ⑤ ㄴ, ㄷ

18. 표는 t℃, 1 기압에서 실린더 (가)와 (나)에 들어 있는 기체에 대한 자료이다. (가)와 (나)에 들어 있는 전체 기체의 밀도는 같다.

실린더	기체	$\dfrac{\text{Y 원자 수}}{\text{Z 원자 수}}$	1 g에 들어 있는 X의 질량(g)	전체 원자 수
(가)	XY_3Z, X_2Y_2	5	$\dfrac{2}{3}$	N
(나)	XYZ_3, Y_2Z	$\dfrac{17}{16}$		$4N$

$\dfrac{\text{(가)에서 } X_2Y_2\text{의 질량}}{\text{(나)에서 } Y_2Z\text{의 질량}}\times\dfrac{\text{X의 원자량}}{\text{Y의 원자량}}$ 은? (단, X~Z는 임의의 원소 기호이다.) [3점]

① 3 ② $\dfrac{10}{3}$ ③ $\dfrac{11}{3}$ ④ 4 ⑤ $\dfrac{13}{3}$

19. 그림은 전체 용액의 부피가 V mL가 되도록 NaOH(aq)과 HCl(aq)을 혼합한 후, 혼합 용액에 2.5 M H_2A(aq)을 첨가할 때, H_2A(aq)의 부피에 따른 혼합 용액의 모든 양이온의 몰 농도(M) 합을 나타낸 것이다. P에서 H^+의 양은 0.06 mol이다.

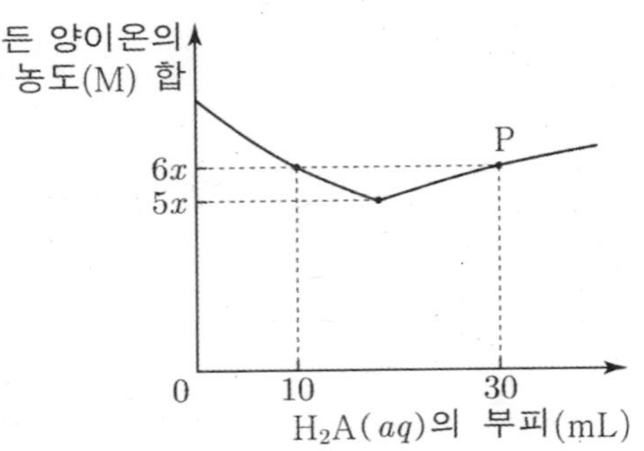

$x\times V$는? (단, 혼합 용액의 부피는 혼합 전 각 용액의 부피의 합과 같고, H_2A는 수용액에서 H^+과 A^{2-}으로 모두 이온화되며, 물의 자동 이온화는 무시한다.)

① $\dfrac{35}{2}$ ② 15 ③ $\dfrac{25}{2}$ ④ 10 ⑤ $\dfrac{15}{2}$

20. 다음은 A(s)와 B(g)가 반응하여 C(s)와 D(g)를 생성하는 반응의 화학 반응식이다.

$$A(s) + 3B(g) \rightarrow 2C(s) + 3D(g)$$

표는 실린더에 A(s)와 B(g)를 넣고 반응을 완결시킨 실험 Ⅰ과 Ⅱ에 대한 자료이다. Ⅰ과 Ⅱ에서 A(s)는 모두 반응하였다.

실험	반응 전		반응 후	
	A(s)의 질량(g)	B(g)의 질량(g)	$\dfrac{C(s)\text{의 질량(g)}}{B(g)\text{의 질량(g)}}$	전체 기체의 밀도(g/L)
Ⅰ	xw	$11w$	7	$35d$
Ⅱ	xw	$24w$	$\dfrac{8}{3}$	$22d$

$x\times\dfrac{\text{B의 화학식량}}{\text{C의 화학식량}}$ 은? (단, 실린더 속 기체의 온도와 압력은 일정하다.) [3점]

① $\dfrac{20}{7}$ ② $\dfrac{24}{7}$ ③ 4 ④ $\dfrac{32}{7}$ ⑤ $\dfrac{36}{7}$

─────────────
* 확인 사항

○ 답안지의 해당란에 필요한 내용을 정확히 기입(표기)했는지 확인하시오.
─────────────

과학탐구 영역(화학Ⅰ)

1

정답

1	①	2	③	3	⑤	4	③	5	②
6	⑤	7	②	8	④	9	④	10	⑤
11	①	12	①	13	④	14	④	15	⑤
16	②	17	③	18	⑤	19	④	20	③

해설

1. 정답 ①

ㄱ. ㉠을 물에 녹이면 중성 수용액이 된다.

(ㄱ. 거짓)

ㄴ. ㉠과 ㉡은 모두 탄소 화합물이다.

(ㄴ. 참)

ㄷ. ㉢의 연소 반응은 발열 반응이다.

(ㄷ. 거짓)

2. 정답 ③

$W \sim Z$는 각각 O, C, F, N이고, (가)와 (나)는 각각 CO_2, CFN이다.

ㄱ. 비공유 전자쌍 수는 (가)와 (나)가 모두 4로 같다.

(ㄱ. 참)

ㄴ. (가)에는 극성 공유 결합만 존재한다.

(ㄴ. 거짓)

ㄷ. 결합각은 (가)와 (나)가 $180°$로 같다.

(ㄷ. 참)

3. 정답 ⑤

2, 3주기 원소로 구성된 이온 결합 물질이므로 이온의 전자수는 2, 10, 18 중 하나이다. 따라서, A_2C의 1mol에 들어 있는 전체 전자의 양이 14mol이 되게 하려면 $A = Li$, $C = O$이어야한다. A의 이온은 전자가 2개 있으므로, D의 이온은 전자가 18개다. 따라서, $D = Cl$이고 $B = Mg$이다.

정리하면, $A \sim D$는 각각 Li, Mg, O, Cl이다.

ㄱ. $A \sim D$에서 2주기 원소는 A, C이므로 2가지이다.

(ㄱ. 거짓)

ㄴ. B는 금속 원소이다.

(ㄴ. 참)

ㄷ. 녹는점은 AD(LiCl)가 NaCl보다 높다.

(ㄷ. 참)

4. 정답 ③

자료에서 금속 결합 물질은 고체 상태에서 전기 전도성이 있지만, 이온 결합 물질은 액체 상태에서 전기 전도성이 없다. 따라서, ㉠으로 적절한 것은 '고체 상태에서 전기 전도성이 있다.'

5. 정답 ②

시간이 지남에 따라 ㉠의 양이 감소하였으므로 ㉠은 $I_2(s)$이다. 또한, $2t$일 때 동적 평형 상태이므로, $b = 0.6$이다.

ㄱ. ㉠은 $I_2(s)$이다.

(ㄱ. 거짓)

ㄴ. $\dfrac{I_2(s)\text{이 } I_2(g)\text{으로 승화되는 속도}}{I_2(g)\text{이 } I_2(s)\text{으로 승화되는 속도}} > 1$이다.

(ㄴ. 참)

ㄷ. $b = 0.6$이다.

(ㄷ. 거짓)

6. 정답 ⑤

같은 주기에서 원자번호가 클수록 원자가 전자가 느끼는 유효 핵전하가 크다. 따라서, 원자 번호는 $W < X < Y < Z$이다. 제2 이온화 에너지는 W가 가장 크므로 $W = Li$이다. 원자 번호는 $Y < Z$인데, 제2 이온화 에너지는 $Y > Z$이므로 Y와 Z는 예외구간이므로 $Y = O$, $Z = F$이다. 이때, 홀전자 수가 X와 Z가 같으므로 X는 B이다.

정리하면, $W \sim Z$는 각각 Li, B, O, F이다.

ㄱ. X는 B이다.

(ㄱ. 참)

ㄴ. 제1 이온화 에너지는 $Z > Y > X$이다.

(ㄴ. 참)

ㄷ. 원자 반지름은 $W > X > Y$이다.

(ㄷ. 참)

7. 정답 ②

(가)는 구성 원소가 3, 구성 원자수가 4이므로 COF_2이다. 또한, $W = C$이고 X와 Y는 각각 O와 F 중 하나이다.
(나)는 3원자 분자이므로 OF_2이고 $X = F$, $Y = O$이다.
(다)는 3원자 분자이고, 3종류의 원소로 구성되므로 NOF이고 $Z = N$이다. 또한, ㉠은 Z이다.

정리하면, $W \sim Z$는 각각 C, O, F, N이고 (가)~(다)는 각각 COF_2, OF_2, NOF이다.

ㄱ. ㉠은 Z이므로 전기 음성도는 $Z > W$이다.

(ㄱ. 거짓)

ㄴ. (가)의 분자 모양은 평면 삼각형이다.

(ㄴ. 참)

ㄷ. (나)에서 Y는 부분적인 양전하(δ^+)를, (다)에서 Y는 부분적인 음전하(δ^-)를 띤다.

(ㄷ. 거짓)

8. 정답 ④

2, 3주기 14~16족 바닥상태 원자에서 $\dfrac{p\ \text{오비탈에 들어 있는 전자 수}}{\text{원자가 전자 수}}$

의 값을 정리해보자.

C	N	O
$\dfrac{1}{2}$	$\dfrac{3}{5}$	$\dfrac{2}{3}$
Si	P	S
2	$\dfrac{9}{5}$	$\dfrac{5}{3}$

$W:X:Y=3:4:12$이므로, $W=C$, $X=O$, $Y=Si$이다. Y에서 전자가 2개 들어 있는 오비탈 수는 6이므로 Z에서 전자가 2개 들어 있는 오비탈 수는 2이고 Z는 C 또는 N이다. $W \sim Z$는 서로 다른 원자이므로 $Z=N$이다.

정리하면, $W \sim Z$는 각각 C, O, Si, N이다.

ㄱ. W와 Y는 같은 족 원소이다.

(ㄱ. 참)

ㄴ. 원자 번호는 $X > Z$이다.

(ㄴ. 참)

ㄷ. 전자가 들어 있는 오비탈 수 비는 $X:Y=5:8$이다.

(ㄷ. 거짓)

9. 정답 ②

용액 1g당 용매의 질량이 $A(aq)$와 $B(aq)$에서 같으므로 용액 1g당 용질의 질량도 서로 같다. A와 B의 화학식량을 각각 M_A, M_B라 하면

$$\dfrac{0.2 \times M_A}{2Vd_1} = \dfrac{0.3 \times M_B}{Vd_2}$$

이므로 $\dfrac{M_A}{M_B} = \dfrac{3d_1}{d_2}$이다.

10. 정답 ⑤

(가)~(다)에서 양이온의 전하량 총합은 보존된다. (가)에서 양전하량은 총 $20N$이므로 (나)와 (다)에서 역시 양전하량은 총 $20N$이다. (다)에서 $2m+14=20$이므로 $m=3$이고, (나)에서 $x(2+m)=20$이므로 $x=4$이다.

ㄱ. $x=4$이다.

(ㄱ. 참)

ㄴ. $m=3$이다.

(ㄴ. 참)

ㄷ. (가)에서 (다)로 갈 때, X는 $10N\,\text{mol}$이 모두 석출되었고, Y는 $2N\,\text{mol}$이 석출되었다.

따라서, (다)에서 비커에 들어 있는 $\dfrac{X(s)\text{의 양(mol)}}{Y(s)\text{의 양(mol)}} = 5$이다.

(ㄷ. 참)

11. 정답 ①

XH_2에서 X가 옥텟 규칙을 만족해야하므로 $X=O$이다. 따라서, (가)~(라)는 H_2O, H_2O_2, C_2H_2, N_2H_4 또는 H_2O, H_2O_2, C_2H_4, N_2H_2이다. 이때, $Y=N$, $Z=C$인 경우에는 공유 전자쌍 수와 비공유 전자쌍 수의 차가 C_2H_4는 6, N_2H_2는 2이고 H_2O과 H_2O_2의 공유 전자쌍 수와 비공유 전자쌍 수의 차는 각각 0, 1이므로 (가)와 (다)에 해당한다. 따라서, (나)와 (라)는 C_2H_4 또는 N_2H_2인데 공유 전자쌍 수와 비공유

전자쌍 수의 차가 4이므로 조건에 모순이다. 따라서, $Y=C$, $Z=N$이다. 그러므로, (가)~(라)는 각각 H_2O, C_2H_2, H_2O_2, N_2H_4이다.

ㄱ. (나)는 Y_2H_2이다.

(ㄱ. 거짓)

ㄴ. (가)와 (다)는 모두 극성 분자이다.

(ㄴ. 참)

ㄷ. (나)는 다중 결합이 있지만, (라)는 다중 결합이 없다.

(ㄷ. 거짓)

12. 정답 ①

바닥상태 산소 원자에는 $1s$, $2s$에 각각 전자가 2개씩 있고 $2p$ 오비탈 3개 중 2개는 전자가 1개, 1개는 전자가 2개 들어 있다. 오비탈에 들어 있는 전자 수는 (가)>(나)=(다)이므로, (가)에는 2개, (나)와 (다)에는 1개의 전자가 들어 있다. 따라서, (나)와 (다)는 $2p$이다. $\dfrac{n+m_l}{n}$은 $1s$, $2s$, $m_l=0$인 $2p$에서 1이고, $m_l=-1$인 $2p$에서 $\dfrac{1}{2}$, $m_l=1$인 $2p$에서 $\dfrac{3}{2}$이다. 따라서, (나)와 (라)는 $\dfrac{n+m_l}{n}=1$이고 (가)는 $\dfrac{n+m_l}{n}=\dfrac{1}{2}$이므로 (나)는 $m_l=0$인 $2p$, (가)는 $m_l=-1$인 $2p$이다. 자연스레 (다)는 $m_l=1$인 $2p$이고 $n+l+m_l$는 (다)가 (라)의 2배이므로 (라)는 $2s$이다.

정리하면, (가)~(라)는 각각 $m_l=-1$인 $2p$, $m_l=0$인 $2p$, $m_l=1$인 $2p$, $2s$다.

ㄱ. ㉠에서 (나)에 1개의 오비탈이 들어 있고, $1s$와 $2s$에 전자가 2개씩 들어 있으므로 $m_l=0$인 오비탈에 들어 있는 전자 수는 5이다.

(ㄱ. 참)

ㄴ. 에너지 준위는 (가)=(다)이다.

(ㄴ. 거짓)

ㄷ. (라)는 $2s$이다.

(ㄷ. 거짓)

13. 정답 ④

$CH_3COOH(l)$ $x\,\text{mL}$의 양은 $\dfrac{1.05x}{60}\text{mol}$이다. 이를 희석한 후 $\dfrac{1}{10}$만 적정에 이용한 것이므로

$$\dfrac{1.05x}{60} \times \dfrac{1}{10} = 0.5 \times \dfrac{y}{1000}$$

이다. 따라서, $\dfrac{y}{x}=3.5=\dfrac{7}{2}$이다.

14. 정답 ④

NH_3 $1\,\text{mol}$에는 $10\,\text{mol}$의 양성자가 있다. 따라서, (가)에는 양성자가 $5\,\text{mol}$이므로 (나)에서도 양성자가 $5\,\text{mol}$이다. 따라서, $2x+16\times0.2=5$이므로 $x=0.9$이다.
(가)에서 ^{14}N과 ^{1}H의 양을 각각 $a\,\text{mol}$, $b\,\text{mol}$이라 하면 ^{15}N, ^{2}H의 양은 $(0.5-a)\,\text{mol}$, $(1.5-b)\,\text{mol}$이다. (나)에서 H의 질량은 2.7g이므로 (가)에서 H의 질량은 2g이다. 따라서, $b+2(1.5-b)=2$이므로 $b=1$이다.
또한, (가)와 (나)에서 중성자수가 같으므로
$$7a+8(0.5-a)+0.5=4.1$$
이다. 따라서, $a=0.4$이다. 그러므로 $w=14a+15(0.5-a)=7.1$이고, $w+x=8$이다.

15. 정답 ⑤

전체 기체의 질량은 보존되므로 $17w = 6.8$, 즉 $w = 0.4$이다. 반응 후 전체 기체의 부피는 7.5L이므로 전체 기체의 양은 0.3mol인데 생성된 X_mY_n과 Y_2의 몰수비는 $2:1$이므로 X_mY_n과 Y_2의 양은 각각 0.2mol, 0.1mol이다. 따라서, 각각의 분자량은 18, 32이다. 따라서 Y의 원자량은 16이므로 X_mY_n에 Y가 2개 이상 존재하면 분자량이 32를 넘어가므로 모순이다. 따라서, $n = 1$이다. Y 원자수는 일정하므로 $a = 2$이고 $m = 2$이다. 또한, X의 원자량은 1이다.

ㄱ. X_2Y_2 1mol에 들어 있는 X는 2mol이므로 2g이다.

(ㄱ. 거짓)

ㄴ. $m = 2$이다.

(ㄴ. 참)

ㄷ. 1mol의 X_2Y_2가 반응할 때, Y_2는 0.5mol, 즉 16g 생성된다.

(ㄷ. 참)

16. 정답 ②

반응물 중에서 산화수가 가장 큰 값은 $Y = \frac{5}{m}$이고, 생성물 중에서 산화수가 가장 작은 값은 $O = -2$이다. $\frac{5}{m} + 2 = 7$이므로 $m = 1$이다. (만약, 반응물 중에서 산화수가 가장 큰 값이 $+1$이라면 산화수의 차가 3이므로 조건에 모순이다.)

X의 산화수는 0에서 n으로 증가했고, Y의 산화수는 5에서 2로 감소하였다. 즉 X와 Y는 $3:n$의 비율로 반응한다. 이때, 원자수를 맞추면 a가 3일 때, d와 e는 각각 n, $2n$이다. 즉, $n : (3n+3) = 2 : 9$이므로 $n = 2$이다.

a가 3일 때, c는 $4n$이므로 $(m+n) \times \frac{c}{a} = (1+2) \times \frac{8}{3} = 8$이다.

17. 정답 ③

$\frac{\text{pOH}}{\text{pH}}$는 (가) < (나) < (다)이므로, (가) ~ (다)는 각각 각각 bM $NaOH(aq)$, $H_2O(l)$, aM $HCl(aq)$이다. 이때, (나)에서 $\frac{\text{pOH}}{\text{pH}}$는 1이므로, (가)와 (다)에서 $\frac{\text{pOH}}{\text{pH}}$는 각각 $\frac{1}{6}$, $\frac{11}{3}$이다. 따라서, (가)에서 $\text{pOH} = 2$이고, (다)에서 $\text{pH} = 3$이므로 $a = 10^{-3}$, $b = 10^{-2}$이다.

(나) 10mL와 (다) 90mL를 혼합한 용액은 0.9×10^{-3}M $HCl(aq)$이다.

ㄱ. (가)의 액성은 염기성이다.

(ㄱ. 참)

ㄴ. (나)와 (다)를 혼합한 용액의 $[H_3O^+] = 0.9 \times 10^{-3}$M이므로 $\text{pH} > 2$이다. 따라서, $x < 12$이다.

(ㄴ. 거짓)

ㄷ. $20a$M $NaOH(aq)$에서 $\frac{[Na^+]}{[H_3O^+]} = \frac{[OH^-]}{[H_3O^+]} = \frac{2 \times 10^{-2}}{0.5 \times 10^{-12}} = 4 \times 10^{10}$이다.

(ㄷ. 참)

18. 정답 ⑤

단위 질량당 X 원자 수는 (가)와 (나)에서 $2:3$인데, 전체 질량이 같으므로 X 원자 수는 (가)와 (나)에서 $2:3$이다. 이를 바탕으로 각 원자와 분자의 양을 표로 정리해보자. (나)에서 존재하는 X_aY의 양을 편의상 3mol로 가정하자.

기체	분자			원자		
	X_aY	Y_2	Y_aZ	X	Y	Z
(가)	2mol		0	$0.4w$	$9.6w$	0
(나)	3mol	0	1mol	$0.6w$	$8w$	$1.4w$
(다)	0			0	$25.6w$	$1.4w$

이때, (나)와 (다)에서 Z 원자 수가 같으므로 전체 기체의 부피는 (나)와 (다)에서 $1:2$이다.

기체	분자			원자		
	X_aY	Y_2	Y_aZ	X	Y	Z
(가)	2mol		0	$0.4w$	$9.6w$	0
(나)	3mol	0	1mol	$0.6w$	$8w$	$1.4w$
(다)	0	7mol	1mol	0	$25.6w$	$1.4w$

이때, (나)와 (다)에서 Y의 양은 각각 $(a+3)$mol, $(a+14)$mol이고, 이는 $8 : 25.6$이다. 즉, $8(a+14) = 25.6(a+3)$이므로 $a = 2$이다. 따라서, 정리하면 다음과 같다.

기체	분자			원자		
	X_2Y	Y_2	Y_2Z	X	Y	Z
(가)	2mol	2mol	0	$0.4w$	$9.6w$	0
(나)	3mol	0	1mol	$0.6w$	$8w$	$1.4w$
(다)	0	7mol	1mol	0	$25.6w$	$1.4w$

이때, X ~ Z의 원자량비는 $1 : 16 : 14$이다.

ㄱ. (가)에서 Y_2는 2mol 존재하므로 $6.4w$g이다.

(ㄱ. 참)

ㄴ. $\dfrac{X_aY_a\text{의 분자량}}{YZ\text{의 분자량}} = \dfrac{17 \times 2}{16 + 14} = \dfrac{17}{15}$이다.

(ㄴ. 참)

ㄷ. $\dfrac{(\text{나})\text{에서 전체 원자 수}}{(\text{다})\text{에서 전체 원자 수}} = \dfrac{12}{17}$이다.

(ㄷ. 참)

19. 정답 ④

A ~ D는 모두 기체이다.

반응한 B의 질량비가 $2:1$이므로 생성된 C와 D의 질량비도 각각 $2:1$이다. 따라서, 남은 반응물의 질량비는 Ⅰ과 Ⅱ에서 $2:3$인데 Ⅰ에서는 A가, Ⅱ에서는 B가 남아있다. 이때 A와 B의 분자량비는 $8:9$이다. 따라서 Ⅰ에서 남아 있는 A와 Ⅱ에서 남아 있는 B의 몰수비는 $3:4$이다.

만약, ⓛ이 D인 경우, Ⅰ에서 D가 6mol있다고 가정하자. C는 2mol 존재하므로 Ⅰ에서 A는 25mol 존재하는데, 이 경우 Ⅱ에서 C와 D는 각각 1mol, 3mol 존재하므로 B가 20mol 존재한다. 따라서, Ⅰ에서 남아 있는 A와 Ⅱ에서 남아 있는 B의 몰수비가 $5:4$이므로 조건에 모순이다. 따라서, ㉠은 D, ㉡은 C이다.

Ⅰ에서 생성된 C의 양을 2mol이라 가정하자.

〈실험 Ⅰ〉

반응 전	5mol	2mol		
반응	-2mol	-2mol	$+2$mol	$+6$mol
반응 후	3mol		2mol	6mol

〈실험 Ⅱ〉

반응 전	1mol	5mol		
반응	-1mol	-1mol	$+1$mol	$+3$mol
반응 후		4mol	1mol	3mol

이때, Ⅱ에서 D의 질량을 ag이라 하면, 남아 있는 B의 질량은 $12ag$이다. 따라서, B와 D의 분자량비가 $9:1$이므로 A ~ D의 분자량비는

$8:9:14:1$이다.

A $1\,mol=8kw\,g$, B $1\,mol=9kw\,g$라 가정하면 반응 전 전체 기체의 질량은 각각 $58kw\,g$, $53kw\,g$이다. 이때, 전체 기체 질량은 Ⅰ에서가 Ⅱ에서보다 $1\,g$만큼 크므로 $k=\dfrac{1}{5}$이고, $x=10.6w$이다.

따라서, $\dfrac{\text{Ⅱ에서 ⊙의 질량}}{\text{Ⅰ에서 A}(g)\text{의 질량}}\times x=\dfrac{1}{8}\times\dfrac{53}{5}=\dfrac{53}{40}$이다.

---

20. 정답 ③

(가)~(다)는 H_2A의 양이 같고 NaOH의 양만 (가)에서 (다)로 갈수록 늘어나는 상황이다. 따라서, NaOH의 양이 증가할 때 모든 음이온의 몰 농도 합은 감소했다가 증가하는 형태이다. 이때, (나)에서 모든 음이온의 몰 농도 합과 모든 이온의 몰 농도 합의 비가 $1:3$이다. 즉, 양이온과 음이온이 $2:1$로 존재하는 상황이므로 산성 또는 중성이다. 따라서, (가)는 산성이고, (다)는 (나)보다 모든 음이온의 몰 농도 합이 크므로 염기성이다.

(가)와 (나)에서 전체 이온 수는 같다. 따라서, 전체 음이온 수도 같으므로 $\dfrac{1}{4}(10+V)=\dfrac{3}{20}(10+2V)$이다. 즉, $V=5$이다. 이를 바탕으로 (가)~(라)에서 이온의 양을 정리하면 다음과 같다. (단위 : mmol)

	H^+	Na^+	A^{2-}	OH^-
(가)	4	2	3	0
(나)	2	4	3	0
(다)	0	8	3	2
(라)	0	6	1.5	3

따라서, $a=0.3$, $x=\dfrac{10.5}{20}=\dfrac{21}{40}$이므로 $\dfrac{x}{a}=\dfrac{7}{4}$이다.

과학탐구 영역(화학 I)

정답

1	③	2	④	3	②	4	②	5	③
6	③	7	①	8	③	9	⑤	10	①
11	①	12	⑤	13	②	14	④	15	⑤
16	④	17	④	18	①	19	③	20	①

해설

1. 정답 ③

A~D는 각각 Li, O, H, N이다.

ㄱ. $A(s)$는 전성(펴짐성)이 있다.

(ㄱ. 참)

ㄴ. A와 B는 2:1로 결합하여 안정한 화합물을 형성한다.

(ㄴ. 거짓)

ㄷ. BCD는 공유 결합 물질이다.

(ㄷ. 참)

2. 정답 ④

각 원자 수는 일정하므로, 반응 계수를 맞추면 $a=3$, $b=2$, $c=3$이다. 생성물에서 기체는 CO_2 뿐이므로 CO_2 4mol이 생성되었을 때, C_2H_5OH는 2mol 반응했다. 따라서, $n=2$이다.

그러므로, $\dfrac{a \times c}{n} = \dfrac{9}{2}$이다.

3. 정답 ②

W~Z 중에서 Y는 옥텟 규칙을 만족하지 않으므로, Y=B이다. 나머지는 모두 옥텟 규칙을 만족하므로 W=F, X=O, Z=C이다.

따라서, (가)~(다)는 각각 OF_2, BF_3, COF_2이다.

ㄱ. 결합각은 (나)>(가)이다.

(ㄱ. 거짓)

ㄴ. (나)와 (다)의 분자 구조는 모두 평면 삼각형이다.

(ㄴ. 참)

ㄷ. (다)에는 무극성 공유 결합이 없다.

(ㄷ. 거짓)

4. 정답 ②

ㄱ. $CaCl_2$는 탄소 화합물이 아니다.

(ㄱ. 거짓)

ㄴ. $CaCl_2$를 물에 용해시켰을 때, 수용액의 온도가 상승하였으므로 ㉠은 '발열 반응'이 적절하다.

(ㄴ. 거짓)

ㄷ. $CaCl_2$는 발열 반응을 일으키므로 제설제로 이용할 수 있다.

(ㄷ. 참)

5. 정답 ③

㉠의 양은 시간에 따라 증가하고, ㉡의 양은 시간에 따라 감소하므로 ㉠과 ㉡은 각각 $H_2O(g)$, $H_2O(l)$이다.

ㄱ. ㉠은 $H_2O(g)$이다.

(ㄱ. 참)

ㄴ. t_2일 때는 동적 평형 상태에 도달하기 전이므로 H_2O의

$\dfrac{\text{증발 속도}}{\text{응축 속도}} > 1$이다.

(ㄴ. 거짓)

ㄷ. t_3일 때 $H_2O(l)$이 $H_2O(g)$가 되는 반응이 일어난다.

(ㄷ. 참)

6. 정답 ③

홀전자 수는 0~3의 값을 갖고, 원자 반지름은 Y>X>Z>W이다. 홀전자 수는 W가 3 또는 2이다.

만약, W의 홀전자 수가 3이라면 W=N이다. 원자 반지름은 W가 가장 작으므로, X~Z는 모두 3주기 원자이다. 이때 제1 이온화 에너지가 Z>W이므로 Z는 Na인데, 이러면 Na보다 원자 반지름이 큰 원자가 2개 존재할 수 없으므로 모순이다.

따라서, W, X, Y의 홀전자 수는 각각 2, 1, 0이고 원자 반지름은 W가 가장 작으므로 W=O이다. 또한 원자 반지름은 Y>X이므로 Y=Mg, X=Al이고 제1 이온화 에너지는 Z>W이므로 Z=N이다.

정리하면, W~Z는 각각 O, Al, Mg, N이다.

ㄱ. Z는 N이다.

(ㄱ. 참)

ㄴ. p 오비탈에 들어 있는 전자 수는 X>Y이다.

(ㄴ. 거짓)

ㄷ. Ne의 전자 배치를 갖는 이온의 반지름은 W>Y이다.

(ㄷ. 참)

7. 정답 ①

X^{3+}는 환원되고, Y와 Z가 각각 I, II에서 산화되었는데, 이때 양이온 수가 증가했으므로 m과 n은 각각 1과 2 중 하나이다. I의 양이온 수가 더 많으므로 $m=1$, $n=2$이다.

ㄱ. $n=2m$이다.

(ㄱ. 거짓)

ㄴ. Y는 $18N$ mol이 $4wg$에 해당하고, Z는 $9N$ mol이 $3wg$에 해당한다. 즉, Y와 Z의 원자량 비는 2:3이다.

(ㄴ. 참)

ㄷ. (나)에서 $Y(s)$는 산화되었으므로 환원제로 작용한다.

(ㄷ. 거짓)

8. 정답 ③

(가)에서 X의 산화수는 +6에서 $+n$으로 감소하였고, Cl의

산화수는 -1에서 0으로 증가하였다. 또한, (나)에서 Y의 산화수는 $+7$에서 $+(n-1)$로 감소하였고, Cl의 산화수는 -1에서 0으로 증가하였다. 이때, 산화수의 변화량의 총합은 0이므로

$$\begin{cases} (6-n) \times 2 = 2c \\ (8-n) \times 2 = 2g \end{cases}$$

이다. 산화제는 (가)와 (나)에서 각각 $X_2O_7^{2-}$, YO_4^-이므로 조건에 의하여 $c : \dfrac{g}{2} = 6 : 5$이다. 즉, $c : g = 3 : 5$이다. 이를 위의 식에 대입하면 $(6-n) : (8-n) = 3 : 5$이므로 $n = 3$이다.

따라서, $c = 3$, $g = 5$이므로 $f = 10$이다. 또한, (가)에서 H와 O로 계수를 맞추면 $b = 14$이다. 그러므로, $\dfrac{b+f}{n} = 8$이다.

---

9. 정답 ⑤

X와 Y의 화학식량을 각각 M_X, M_Y라 하자. (나)에서 $X(l)$ 10mL의 양은 $\dfrac{10d_1}{M_X}$ mol이다. 따라서, $x = \dfrac{200d_1}{M_X}$이다. 또한, (다)에서 $Y(l)$ 10g의 양은 $\dfrac{10}{M_Y}$ mol이고 II의 부피는 $\dfrac{50}{d_3}$ mL이다. 따라서 $y = \dfrac{200d_3}{M_Y}$이다.

$M_X : M_Y = 3 : 1$이므로 $\dfrac{x}{y} = \dfrac{d_1}{3d_3}$이다.

---

10. 정답 ①

2, 3주기 $12 \sim 15$족 바닥상태 원자에 대하여

$\dfrac{p \text{ 오비탈에 들어 있는 전자 수}}{\text{원자가 전자 수}} (x)$, 전자가 들어 있는 오비탈 수($y$)를 정리해보자.

원자	Be	B	C	N
x	0	$\dfrac{1}{3}$	$\dfrac{1}{2}$	$\dfrac{3}{5}$
y	2	3	4	5
원자	Mg	Al	Si	P
x	3	$\dfrac{7}{3}$	2	$\dfrac{9}{5}$
y	6	7	8	9

x는 $A : B : C = 1 : 3 : 5$이므로 $A \sim C$는 각각 N, P, Mg이다. B(P)에서 전자가 들어 있는 오비탈 수는 9이므로 $a = 3$이고, D는 B이다.

정리하면, $A \sim D$는 각각 N, P, Mg, B(붕소)이다.

ㄱ. A와 B는 서로 다른 주기 원소이다.

(ㄱ. 거짓)

ㄴ. s 오비탈에 들어 있는 전자 수는 $C > A$이다.

(ㄴ. 참)

ㄷ. 전자가 들어 있는 p 오비탈 수의 비는 $C : D = 3 : 1$이다.

(ㄷ. 거짓)

---

11. 정답 ①

(가)에서 전체 구성 원자의 원자가 전자 수 합이 16이므로 (가)는 CO_2이고 $a = 4$이다. (나)는 공유 전자쌍 수가 3이므로 C가 존재할 수 없다. 따라서 (나)는 O_2F_2이다. 또한, $X \sim Z$는 각각 O, C, F이다. (다)는 공유 전자쌍 수가 4이므로 CF_4이고 $b = 32$이다.

그러므로, (가) ~ (다)는 각각 CO_2, O_2F_2, CF_4이다..

ㄱ. $b = 32$이다.

(ㄱ. 참)

ㄴ. (가)는 무극성 분자이고, (나)는 극성 분자이다.

(ㄴ. 거짓)

ㄷ. 비공유 전자쌍 수는 (다) $>$ (나)이다.

(ㄷ. 거짓)

---

12. 정답 ⑤

(나)는 단일 결합과 이중결합으로 구성되어 있으므로 NOF이다. 또한, Y는 O이고 W와 Y가 2중 결합을 이루므로 W는 N이다. $W \sim Z$는 모두 옥텟 규칙을 만족하고 서로 다른 2주기 원소이므로 $W \sim Z$는 각각 N, F, O, C이다.

(가)는 N과 F가 단일 결합만 이루므로 NF_3이고 $x = 3$이다. (다)는 C와 C 사이의 결합 1개와 C와 F 사이의 단일 결합 4개가 존재하므로 (다)는 C_2F_4이고 ㉠은 2중 결합이다.

정리하면, (가) ~ (다)는 각각 NF_3, NOF, C_2F_4이다.

ㄱ. $x = 3$이다.

(ㄱ. 거짓)

ㄴ. (나)에서 Y(O)는 부분적인 음전하(δ^-)를 띤다.

(ㄴ. 참)

ㄷ. ㉠은 '2중 결합'이다.

(ㄷ. 참)

---

13. 정답 ②

X의 전자가 들어 있는 모든 오비탈 (가) ~ (라)이고, (가)와 (나)에는 2개, (다)와 (라)에는 1개의 전자만 들어 있다. 따라서, X의 전자는 6개이므로 X = C이다. (조건에 바닥상태라는 말이 없으므로 원자 X는 들뜬 상태이다.)

(가) ~ (라)의 $n+l$는 모두 3 이하이므로 (가) ~ (라)는 $1s$, $2s$, $2p$, $3s$ 중 하나이다. m_l는 $-1 \sim 1$의 값을 가지므로 (가), (나), (라)의 m_l는 각각 $+1$, 0, -1이다. 따라서, (가)는 $m_l = +1$인 $2p$, (라)는 $m_l = -1$인 $2p$이다. 또한, $n-l$의 값은 $1 \sim 3$을 가질 수 있으므로 (나), (다), (가)의 $n-l$는 각각 3, 2, 1이다. 따라서, (나)는 $3s$, (다)는 $2s$이다.

정리하면, (가) ~ (라)는 $m_l = +1$인 $2p$, $3s$, $2s$, $m_l = -1$인 $2p$이다.

ㄱ. X는 C이다.

(ㄱ. 거짓)

ㄴ. 에너지 준위는 (나) $>$ (가)이다.

(ㄴ. 참)

ㄷ. X에서 $n + m_l$가 2 이상인 오비탈은 $2s$, $m_l = 0$인 $2p$, $m_l = +1$인 $2p$, $3s$이므로 이에 들어 있는 전자 수는 5이다.

(ㄷ. 거짓)

---

14. 정답 ④

^aX와 ^{a+2}X의 중성자수 차는 2이고, 양성자수는 같으므로 ^aX와 ^{a+2}X의 중성자수는 각각 8, 10이다. ^bY와 ^{b+2}Y의 중성자수 차는 2이고, 양성자 수는 같으므로 ^bY와 ^{b+2}Y의 중성자수는 각각 16, 18이다. ^aX, ^bY의 중성자 수는 $1 : 2$이므로 전자수는 $1 : 2$이다. 각 원자의 양을 바탕으로 각 분자수를 추론하면 $^aX^{a+2}X$, $^aX^aX^bY$, $^{b+2}Y_2$의 양은 각각 0.5 mol, 1 mol, 0.5 mol이므로 ^aX의 양은 2.5 mol이다. 따라서 X와 Y의 양성자수를 각각 p, $2p$라 하면

$7p = 56$이므로 $p = 8$이다.

ㄱ. $x = 2.5$이다.

(ㄱ. 거짓)

ㄴ. $a = 16$, $b = 32$이므로 $a + b = 48$이다.

(ㄴ. 참)

ㄷ. (가)에 들어 있는 전체 중성자의 양은 $59\,mol$이다.

(ㄷ. 참)

---

15. 정답 ⑤

원자 번호가 연속이고 전기 음성도가 $W > Y > X$이므로 원자 번호도 $Y > X$이다. 이때, 제2 이온화 에너지는 $X > Y$이므로 예외 구간에 속한다. 따라서, X와 Y는 B와 C 또는 O와 F인데 F이면 전기 음성도 조건에 의하여 W에 해당하는 원자가 존재할 수 없다. 따라서, X와 Y는 B, C인데, C보다 제2 이온화 에너지가 작은 2주기 원자는 Be뿐이므로 Z는 Be이다. 또한, W는 N이다.

정리하면, $W \sim Z$는 N, B, C, Be이다.

ㄱ. X는 B이다.

(ㄱ. 참)

ㄴ. 원자가 전자가 느끼는 유효 핵전하는 $W > Y$이다.

(ㄴ. 참)

ㄷ. $\dfrac{\text{제2 이온화 에너지}}{\text{제1 이온화 에너지}}$ 는 $X > Z$이다.

(ㄷ. 참)

---

16. 정답 ④

$10\,g$의 식초 A에 들어 있는 CH_3COOH은 $20w\,g$이다. (다)는 (나)의 수용액의 $\dfrac{1}{4}$을 이용하여 적정한 것이므로, CH_3COOH $5w\,g$에 해당하는 NaOH의 양은 $20a\,mmol$이다.

$10\,g$의 식초 B에 들어 있는 CH_3COOH은 $50w\,g$이다. (마)는 (라)의 수용액의 $\dfrac{1}{5}$을 이용하여 적정한 것이므로, CH_3COOH $10w\,g$에 해당하는 NaOH의 양은 $ax\,mmol$이다.

이다. 따라서, $20 : x = 1 : 2$이므로 $x = 40$이다.

---

17. 정답 ④

(가)에서 pH는 3.5, (나)에서 pH는 9, (다)에서 pH는 8이다. $\dfrac{OH^-\text{의 양}(mol)}{H_3O^+\text{의 몰 농도}(M)}$ 는 $\dfrac{[OH^-]}{[H_3O^+]} \times (\text{부피})$와 같다. 따라서, (가)와 (나)에서 $\dfrac{[OH^-]}{[H_3O^+]}$는 10^{-7}, 10^4이므로 부피비는 (가)와 (나)에서 $5 : 2$이다. 이때, (가)에서 H_3O^+의 양이 $5 \times 10^{-5.5}\,mol$이므로 (가)의 부피는 $50\,mL$이다. 따라서, (나)의 부피는 $20\,mL$이다.

(나)와 (다)에서 $\dfrac{[OH^-]}{[H_3O^+]}$의 비는 $10^2 : 1$이므로, 부피비는 (나)와 (다)에서 $1 : 5$이므로 (다)의 부피는 $100\,mL$이다.

ㄱ. $x = 10^{-9}$이다.

(ㄱ. 참)

ㄴ. $\dfrac{\text{(다)의 pOH}}{\text{(가)의 pH}} = \dfrac{12}{7}$이다.

(ㄴ. 거짓)

ㄷ. $\dfrac{\text{(가)의 부피}(L)}{\text{(다)의 부피}(L)} = \dfrac{1}{2}$이다.

(ㄷ. 참)

---

18. 정답 ①

I에서 산을 첨가한 용액이 II, II에서 산을 첨가한 용액이 III이다. 따라서, I ~ III은 각각 염기성, 중성, 산성이다.

II에서 Na^+와 Cl^-는 $5 : 2$의 비율로 존재하고 전체 이온 수는 $17\,mmol$이다. 이를 바탕으로 이온수를 분석하자. (단위 : mmol)

	H^+	Na^+	A^{2-}	Cl^-	OH^-
II		10	3	4	

이때, III에서 양이온수와 음이온수가 $5 : 3$이므로

	H^+	Na^+	A^{2-}	Cl^-	OH^-
III	10	10	8	4	

이다. 따라서, Cl^-, A^{2-}에 대하여 식을 세우면, $20b = 4$, $40c = 5$이므로 $b = \dfrac{1}{5}$, $c = \dfrac{1}{8}$이다. $b \times c = \dfrac{1}{40}$이다.

---

19. 정답 ③

(나)에서 X, Y의 질량이 각각 $2w\,g$, $10.8w\,g$이므로 Z의 질량은 $11.2w\,g$이다. $\dfrac{Y\text{의 양}(mol)}{Z\text{의 양}(mol)}$은 (가)와 (나)에서 $\dfrac{5}{2}$, $\dfrac{9}{8}$이므로 (가)에서 Y와 Z의 질량비는 $15 : 7$이다. 이때 (가)에서 X의 질량이 $2.4w\,g$이므로 Y와 Z의 질량 합은 $17.6w\,g$이다. 이를 바탕으로 각 원자의 질량을 분석하면 다음과 같다.

	X	Y	Z
(가)	$2.4w\,g$	$12w\,g$	$5.6w\,g$
(나)	$2w\,g$	$10.8w\,g$	$11.2w\,g$

이때, (가)와 (나)에서 Z의 양은 X_bZ_b의 양과 비례하므로 X_bZ_b의 양은 $1 : 2$이다. 또한, (가)에서 Y와 Z의 양은 X_aY_b와 X_bZ_b의 양과 비례하므로 $5 : 2$이다. 따라서, (가)에서 X_bZ_b를 $1\,mol$이라 가정하고 각 분자의 양을 정리해보자.

	X_aY_b	X_aY_c	X_bZ_b	X	Y	Z
(가)	$2.5\,mol$	0	$1\,mol$	$2.4w\,g$	$12w\,g$	$5.6w\,g$
(나)	0	$1.5\,mol$	$2\,mol$	$2w\,g$	$10.8w\,g$	$11.2w\,g$

따라서, (가)와 (나)에서 Y 원자수에 의하여 $5b : 3c = 10 : 9$이다. 즉 $b : c = 2 : 3$이다. 또한, X 원자수에 의하여 $(2.5a + b) : (1.5a + 2b) = 6 : 5$이므로 $a : b = 2 : 1$이다. 따라서, $a : b : c = 4 : 2 : 3$이다. (가)에서 X와 Z의 양은 $6 : 1$이므로 X와 Z의 원자량비는 $1 : 14$이다.

따라서, $\dfrac{Y\text{의 원자량}}{Z\text{의 원자량}} \times \dfrac{a + b}{c} = \dfrac{1}{14} \times 2 = \dfrac{1}{7}$이다.

20. 정답 ①

A~C는 기체이고, t_1에서 분자 수 비가 1:1:3이다.

경우 1) A, B가 각각 1mol, C가 3mol

t_1에서 t_2로 시간이 지남에 따라 C의 양은 늘어나고 A, B의 양은 줄어드는데, 이 경우에 C의 양은 A의 양과 B의 양의 3배 이상이다. 따라서 조건에서 분자 수 4:7을 만족하지 않는다.

경우 2) B, C가 각각 1mol, A가 3mol

C의 질량은 t_1과 t_2에서 2:3이므로 C는 1.5mol 존재한다. t_2에서 A가 $(3-2n)$mol, B가 $(1-3n)$mol 존재한다고 가정하면 무조건 A의 양이 B보다 크고, C의 양이 B보다 크다. 즉, 분자 수 비가 A:B:C=7:2:4 또는 A:B:C=4:2:7이다.

만약 A:B:C=7:2:4라면 $(3-2n):(1-3n)=7:2$이므로 $n=\dfrac{1}{17}$인데 이때 C의 분자 수가 조건에 어긋난다. 또한, A:B:C=4:2:7이라면 $(3-2n)=2(1-3n)$을 만족하는 n이 존재하지 않으므로 모순이다.

경우 3) A와 C가 각각 1mol, B가 3mol

경우 2와 마찬가지로 C는 1.5mol 존재하며, t_2에서 A가 $(1-2n)$mol, B가 $(3-3n)$mol 존재한다고 가정하자. 이때, A와 B는 모두 t_2에서 존재하므로 $n<\dfrac{1}{2}$이다. 따라서, B의 양은 무조건 A의 양보다 크고, B의 양은 무조건 C의 양보다 크며, C의 양은 A의 양보다 무조건 크다. 따라서, 분자 수 비는 A:B:C=2:7:4이다.

$$<t_1 \rightarrow t_2>$$

반응 전	1mol	3mol	1mol
반응	$-\dfrac{1}{4}$mol	$-\dfrac{3}{8}$mol	$+\dfrac{1}{2}$mol
반응 후	$\dfrac{3}{4}$mol	$\dfrac{21}{8}$mol	$\dfrac{3}{2}$mol

따라서, $c=4$이다. 이때, 반응 전 기체의 조성비를 역추적하면 다음과 같다.

$$<t_1>$$

반응 전	$\dfrac{3}{2}$mol	$\dfrac{15}{4}$mol	
	$(3w\,g)$	$(5kw\,g)$	
반응	$-\dfrac{1}{2}$mol	$-\dfrac{3}{4}$mol	$+1$mol
반응 후	1mol	3mol	1mol
	$(2w\,g)$	$(4kw\,g)$	$(\dfrac{13}{5}w\,g)$

이때, A와 C의 질량비는 10:13이고 몰수는 같으므로 분자량비도 10:13이다. 반응 전 B의 질량을 $5kw\,g$이라 가정하면, 질량 보존 법칙에 의하여 $(5k+3)=\left(4k+\dfrac{23}{5}\right)$이므로 $k=\dfrac{8}{5}$이다. 즉, $x=8$이다.

$$<t_3>$$

반응 전	$\dfrac{3}{2}$mol	$\dfrac{15}{4}$mol	
반응	$-\dfrac{3}{2}$mol	$-\dfrac{9}{4}$mol	$+3$mol
반응 후		$\dfrac{3}{2}$mol	3mol

따라서, $y=\dfrac{39}{5}$이다.

따라서, $\dfrac{y}{x}\times\dfrac{\text{A의 분자량}}{\text{C의 분자량}}=\dfrac{39}{40}\times\dfrac{10}{13}=\dfrac{1}{4}$이다.

클러스터 모의고사 〔3회〕
과학탐구 영역(화학 I)

해설

1. 정답 ⑤

A는 Al, B는 O이다.

ㄱ. Al은 금속 결합 물질이므로, $A(s)$는 전기 전도성이 있다.

(ㄱ. 참)

ㄴ. $B_2(O_2)$는 공유 결합 물질이다.

(ㄴ. 참)

ㄷ. A(Al)와 B(O)는 안정한 화합물 $A_2B_3(Al_2O_3)$를 형성한다.

(ㄷ. 참)

2. 정답 ④

A. 에탄올은 탄소 화합물이다.

(A. 참)

B. 에탄올이 증발하면서 손등이 시원해졌으므로, 에탄올의 증발은 흡열 반응이다.

(B. 거짓)

C. 에탄올의 연소는 발열 반응이고, 주위로 열을 방출한다.

(C. 참)

3. 정답 ①

(가)는 분자 모양이 정사면체형이므로, CH_4이고 X는 C이다.
(나)는 분자 모양이 삼각뿔형이므로, NH_3이고, Y는 N이다.
(다)는 HCN이고, 분자 모양은 직선형이다.

ㄱ. ㉠으로 적절한 것은 '직선형'이다.

(ㄱ. 거짓)

ㄴ. 결합각은 $(가)[CH_4] > (나)[NH_3]$이다.

(ㄴ. 참)

ㄷ. (가)는 무극성 분자이고, (나)와 (다)는 극성 분자이다.

(ㄷ. 거짓)

4. 정답 ③

W = Be, X = F, Y = Na, Z = P이다.

ㄱ. Ne의 전자 배치를 갖는 이온의 반지름은 $X(F) > Y(Na)$이다.

(ㄱ. 참)

ㄴ. 원자가 전자가 느끼는 유효 핵전하는 $Z(P) > Y(Na)$이다.

(ㄴ. 거짓)

ㄷ. $\dfrac{제3 이온화 에너지}{제2 이온화 에너지}$ 는 $W(Be) > X(F)$이다.

(ㄷ. 참)

5. 정답 ④

$^{23}Na^+$과 $^{24}Na^+$이 모두 검출되었으므로, (나)에서 넣어 준 NaCl이 용해되었다는 것을 알 수 있다. 따라서, 탐구 활동으로부터 포화 수용액에 도달한 후에도, 용질이 용해되는 반응은 계속 일어남을 확인할 수 있다.

→ ㉠으로 적절한 것은 '용질이 용해되는 반응은 계속 일어난다.'이다.

6. 정답 ⑤

CO_2에서 산소는 부분적인 음전하(δ^-)를 띠고, OF_2에서 산소는 부분적인 양전하(X)를 띠므로, A는 CO_2, B는 OF_2이다.

ㄱ. H_2O_2에는 무극성 공유 결합이 있고, CO_2, OF_2에는 무극성 공유 결합이 없으므로, '무극성 공유 결합이 있는가?'는 ㉠으로 적절하다.

(ㄱ. 참)

ㄴ. $A(CO_2)$에는 다중 결합이 존재한다.

(ㄴ. 참)

ㄷ. $B(OF_2)$의 중심 원자는 O이므로, 중심 원자에 비공유 전자쌍이 있다.

(ㄷ. 참)

7. 정답 ①

각 분자를 기준에 따라 분류하면 다음과 같다.

$\dfrac{p \text{ 오비탈에 들어 있는 전자 수}}{\text{전체 전자 수}} = \dfrac{1}{5}$ 이므로, X는 $B(\dfrac{1}{5})$이다. → $a = 1$

$\dfrac{p \text{ 오비탈에 들어 있는 전자 수}}{\text{전체 전자 수}} = \dfrac{1}{2}$ 이므로, Y는 $O(\dfrac{4}{8})$ 또는 $Mg(\dfrac{6}{12})$이다. Y의 홀전자 수는 2이므로, Y는 O이다.

$\dfrac{p \text{ 오비탈에 들어 있는 전자 수}}{\text{전체 전자 수}} = \dfrac{2}{3}$ 이므로, Z는 $Ar(\dfrac{12}{18})$이다.

ㄱ. $a = 1$이다.

(ㄱ. 참)

ㄴ. 전자가 들어 있는 오비탈 수는 X(B)가 3, Z(Ar)가 9이다.

(ㄴ. 거짓)

ㄷ. 전자가 2개 들어 있는 오비탈 수는 X(B)가 2, Y(O)가 3이다.

(ㄷ. 거짓)

8. 정답 ③

수용액에 포함된 용질의 질량비는 (가) : (나) = 1 : 4 용질의 화학식량은 (가) : (나) = 3 : 2이므로, 용질의 몰비는 (가) : (나) = 1 : 6이다. (가)에 들어 있는 A의 양은 $0.4V$ mmol이므로, (나)에 들어 있는 B의 양은 $2.4V$ mmol이다. 따라서, $x \times 2V = 2.4V$이고, $x = 1.2$이다.

(나)는 1.2 M $B(aq)$에 물을 넣어 0.4 M $B(aq)$을 만든 것이므로, 1.2 M $B(aq)$을 3배 희석시킨 것이다. 따라서 혼합 전 부피는 $H_2O(l)$이 1.2 M $B(aq)$의 2배이다. → $2V = 50$이고, $V = 25$

(가)는 0.4 M $A(aq)$ 25 mL와 $H_2O(l)$ 75 mL를 혼합했으므로, 몰
농도는 $\dfrac{0.4 \times 25}{25 + 75} = \dfrac{1}{10}$ 이다. $\rightarrow y = 0.1$

$$\therefore y \times V = \dfrac{5}{2}$$

9. 정답 ②

각각 N mol 들어 있던 금속 양이온이 모두 석출되면, 전체 금속의 양은
N mol이다. 따라서 (가)와 (나)에서 ㉠과 ㉡은 모두 석출되었고,
반응하지 않고 남은 $C(s)$가 존재한다.

반응한 C의 양은 (A^{2+}이 들어 있는 비커) : (B^{3+}이 들어 있는
비커) $= 2 : 3$이므로, 남은 C의 양은 A^{2+}이 들어 있는 비커에서 더
크다. 따라서, ㉠은 B^{3+}이고, ㉡은 A^{2+}이다.

(가)와 (나)에서 반응 후 C^{n+}의 양(mol)을 각각 $3k$, $2k$로 두고, 비커
속 금속 양이온과 고체 금속의 양을 정리하면 다음과 같다.

(가)		
양이온과 고체 금속의 양(mol)	C^{n+}	$3k$
	$B(s)$	N
	$C(s)$	$1.5N$

(나)		
양이온과 고체 금속의 양(mol)	C^{n+}	$2k$
	$A(s)$	N
	$C(s)$	$2N$

$\Rightarrow$ 처음 넣어 준 C의 양은 x mol로 같으므로, $3k + 1.5N = 2k + 2N$
이고, $k = 0.5N$이다. 따라서, $x = 3N$이다.

(나)에서 A^{2+} N mol이 반응해 C^{n+} N mol이 생성되었으므로,
$n = 2$이다.

$$\therefore ㉠ = B^{3+}, \quad x \times n = 6N \text{이다.}$$

10. 정답 ②

바닥상태 P에서 전자가 들어 있는 오비탈이므로, (가)~(다)는 $1s$,
$2s$, $2p$, $3s$, $3p$ 중 하나이다.

s 오비탈은 $n - l$와 $n + m_l$가 같다. 따라서, (가)와 (나)는 p
오비탈이고, $n + l$는 (가) $>$ (나)이므로, (가)는 $3p$이고, (나)는
$2p$이다.

$2p$와 $3p$에서 $(n - l) : (n + m_l)$를 정리하면 다음과 같다.

오비탈	$2p$			$3p$		
자기 양자수	-1	0	$+1$	-1	0	$+1$
$(n - l) : (n + m_l)$	$1:1$	$1:2$	$1:3$	$1:1$	$2:3$	$1:2$

$\rightarrow$ (가)는 $m_l = +1$인 $3p$이고, (나)는 $m_l = 0$인 $2p$이다.

(가)~(다)의 m_l합은 0이므로, (다)에서 $m_l = -1$이고, $n + l$는
(나)와 같으므로, (다)는 $m_l = -1$인 $2p$이다.

$$\therefore (가) = 3p_{+1}, \quad (나) = 2p_0, \quad (다) = 2p_{-1}$$

ㄱ. (다)는 $2p$이므로, 오비탈의 모양은 아령형이다.

(ㄱ. 거짓)

ㄴ. 원자가 전자가 들어 있는 오비탈은 $3s$와 $3p$이므로, (가)에만 원자
　가 전자가 들어 있다.

(ㄴ. 참)

ㄷ. (가)~(다)의 $l - m_l$는 각각 0, 1, 2이므로, (다)가 가장 크다

(ㄷ. 거짓)

11. 정답 ①

$pH - pOH$는 (나) $>$ (가)이므로, pH도 (나) $>$ (가)이고, (가)는
$HCl(aq)$, (나)는 $NaOH(aq)$이다.

몰 농도는 (나)가 (가)의 100배이므로, (나)의 pOH를 t로 두면,
(가)의 pH는 $t + 2$이다. 이를 통해 (가)와 (나)의 pH, pOH,
$pH - pOH$를 정리하면 다음과 같다.

수용액	pH	pOH	pH − pOH
(가)	$t + 2$	$12 - t$	$2t - 10$
(나)	$14 - t$	t	$14 - 2t$

$\Rightarrow$ $pH - pOH$는 (나)가 (가)보다 8만큼 크므로,
$(2t - 10) + 8 = 14 - 2t$ 이고, $t = 4$이다. $\rightarrow x = -2$, $a = 10^{-6}$

ㄱ. (가)는 $HCl(aq)$이다.

(ㄱ. 참)

ㄴ. (가)와 (나)의 pOH는 각각 8, 4이고, pOH 합은 12이다.

(ㄴ. 거짓)

ㄷ. OH^-의 몰비는 (가) : (나) $= 1 : 500$이고, $[OH^-]$는 (가)와
(나)에서 각각 10^{-8}, 10^{-4}이므로,

$$\dfrac{(가)의\ 부피(L)}{(나)의\ 부피(L)} = \dfrac{(가)에서\ OH^-의\ 양(mol)}{(나)에서\ OH^-의\ 양(mol)} \times \dfrac{(나)에서\ [OH^-]}{(가)에서\ [OH^-]}$$

$$= \dfrac{1}{500} \times \dfrac{10^{-4}}{10^{-8}} = 20 \text{이다.}$$

(ㄷ. 거짓)

Comment

[별해 : 반대 액성의 수용액 설정하기]
(가)와 몰농도는 같은 $NaOH(aq)$을 임의로 수용액 (다)라고 하자.
(다)에서 $(pH - pOH) = -x$ 이고, (나)와 (다)는 몰 농도 100배 차이니, pH와 pOH의
차는 각각 2이고, $(pH - pOH)$ 차는 4이다. 따라서, $-x + 4 = x + 8$ 이고, $x = -2$이다.

12. 정답 ⑤

그림의 루이스 전자점식에서 X는 C, Y는 N, Z는 F이다.

(가)는 C_2F_x이고, (나)는 N_2F_y이다. (가)와 (나)로 가능한 분자의
공유 전자쌍 수와 비공유 전자쌍 수를 정리하면 다음과 같다.

분자	(가)			(나)	
	C_2F_2	C_2F_4	C_2F_6	N_2F_2	N_2F_4
공유 전자쌍 수	5	6	7	4	5
비공유 전자쌍 수	6	12	18	8	14

$\Rightarrow$ (나)의 비공유 전자쌍 수는 (가)의 공유 전자쌍 수보다 2만큼
크므로, (가)는 C_2F_4, (나)는 N_2F_2이다.

$$\therefore x = 4, \quad y = 2, \quad a = 6$$

ㄱ. $x + y = 6$이다.

(ㄱ. 참)

ㄴ. (나)[N_2F_2]에는 2중 결합이 있다.

(ㄴ. 참)

ㄷ. $\dfrac{비공유\ 전자쌍\ 수}{공유\ 전자쌍\ 수}$는 (가)와 (나)에서 모두 2이다.

(ㄷ. 참)

13. 정답 ③

화학 반응식에서 반응 전후 X 원자 수는 같으므로, $2a = b$이고, 반응 전후 Y 원자 수는 같으므로, $4a + 2 = 3b$이다. 따라서 $a = 1$, $b = 2$이다.

반응 전후 원자 수는 보존되므로, $\dfrac{\text{Y 원자 수}}{\text{X 원자 수}}$는 반응 전과 반응 후에서 같다. 따라서, 실험 I 에서 반응 전 $\dfrac{\text{Y 원자 수}}{\text{X 원자 수}} = 6$이다. X_2Y_4 $4w\,\text{g}$의 양을 $2n\,\text{mol}$이라 두고, Y_2 $w\,\text{g}$의 양을 $kn\,\text{mol}$로 두면, $\dfrac{\text{Y 원자 수}}{\text{X 원자 수}}$는 $\dfrac{8 + 2k}{4}$이고, $k = 8$이다.

실험 Ⅱ에서 반응 전 X_2Y_4 $3n\,\text{mol}$과 Y_2 $8n\,\text{mol}$이 들어 있고, $\dfrac{\text{Y 원자 수}}{\text{X 원자 수}}$는 $\dfrac{14}{3}$이다. 따라서 반응 후 $\dfrac{\text{Y 원자 수}}{\text{X 원자 수}}$도 $\dfrac{14}{3}$이다.

$$\rightarrow \ ㉠ = \frac{14}{3}$$

ㄱ. $a + b = 3$이다.

(ㄱ. 참)

ㄴ. I 과 Ⅱ에서 반응 후 남은 반응물의 종류는 모두 Y_2이다.

(ㄴ. 거짓)

ㄷ. 화학식량의 비는 $X_2Y_4 : Y_2 = 16 : 1$이므로, X, Y의 원자량을 각각 x, y로 두면, $2x + 4y = 16 \times 2y$이고, $\dfrac{y}{x} = \dfrac{1}{14}$이다.

$$\rightarrow ㉠ \times \frac{\text{Y의 원자량}}{\text{X의 원자량}} = \frac{1}{3}$$

(ㄷ. 참)

14. 정답 ④

$1\,\text{g}$에 들어 있는 입자의 양(mol)은 $\dfrac{\text{원자의 양(mol)} \times (\text{입자 수})}{\text{원자의 질량(g)}}$이므로, $\dfrac{\text{입자 수}}{\text{원자량}}$와 같다.

^bB와 ^{b+4}B의 양성자수는 같고, $1\,\text{g}$에 들어 있는 양성자의 양은 $10 : 9$이므로, 원자량은 $^bB : ^{b+4}B = 9 : 10$이다. 원자량은 ^aA가 ^bB의 5배이므로, 원자량 비는 $^aA : ^bB : ^{b+4}B = 45 : 9 : 10$이다. $1\,\text{g}$에 들어 있는 입자의 양(mol)에 원자량을 곱하면, 입자 수가 된다. 이를 통해 ^bB의 양성자수를 k로 두고, 각 원자의 입자 수를 정리하면 다음과 같다.

원자	^aA	^bB	^{b+4}B
양성자수		k	k
중성자수	$6k$	k	$k+4$

$\Rightarrow$ ^aA와 ^{b+4}B의 중성자수 합은 130이므로, $7k + 4 = 130$이고, $k = 18$이다.

^bB의 $1\,\text{g}$에 들어 있는 양성자의 양은 $10N\,\text{mol}$이고, ^bB의 양성자수는 18이므로, ^bB의 원자량은 $\dfrac{18}{10N} = \dfrac{9}{5N}$이다.

<질량수와 원자량은 다른 개념이다.>
^bB의 질량수는 36이지만, ^bB의 원자량도 36이라는 보장을 문제에서 해주지 않았으므로, 원자량은 ^bB $1\,\text{mol}$의 질량을 통해 구해야한다.

15. 정답 ③

(가)에서 만든 수용액의 질량은 $50d_2\,\text{g}$이다. 따라서 (나)에서 취한 수용액 $w\,\text{g}$에는 식초 A $10 \times \dfrac{w}{50d_2}\,\text{mL}$가 들어 있고, 식초 A의 질량은 $10 \times \dfrac{w}{50d_2} \times d_1\,\text{g}$이다. 식초 A $1\,\text{g}$에 들어 있는 CH_3COOH의 질량은 $0.09\,\text{g}$이므로, 적정에 사용된 식초 A 속 CH_3COOH의 양은 $10 \times \dfrac{w}{50d_2} \times d_1 \times 0.09 \times \dfrac{1}{60}\,\text{mol}$이다. 또한 적정에 사용된 $NaOH$의 양은 $0.1 \times \dfrac{12}{1000}\,\text{mol}$이므로, 등식을 세우면 다음과 같다.

$$10 \times \frac{w}{50d_2} \times d_1 \times 0.09 \times \frac{1}{60} = 0.1 \times \frac{12}{1000}$$

따라서, $w = \dfrac{4d_2}{d_1}$ 이다.

16. 정답 ⑤

원자 번호 $7 \sim 13$인 원자의 전자가 2개 들어 있는 오비탈 중 에너지 준위가 가장 큰 오비탈과, ㉠에 들어 있는 전자 수를 정리하면 다음과 같다.

원자	N	O	F	Ne	Na	Mg	Al
전자가 2개 들어 있는 오비탈 중 에너지 준위가 가장 큰 오비탈	$2s$	$2p$	$2p$	$2p$	$2p$	$3s$	$3s$
㉠에 들어 있는 전자 수	2	2	4	6	6	2	2

$\Rightarrow$ D는 F이고, E는 Ne 또는 Na이다. A~C는 각각 N, O, Mg, Al 중 하나이다.

A로 가능한 원자(N, O, Mg, Al) 중 제1 이온화 에너지가 D(F)보다 큰 원자는 존재하지 않으므로, ㉡은 제2 이온화 에너지이다.

제 2이온화 에너지는 A > D(F)이므로, A는 O이다.
A~E의 홀전자 수 합은 5이고, A(O)와 D(F)의 홀전자 수 합은 3이므로, N는 B 또는 C가 될 수 없다. → B와 C는 각각 Mg, Al 중 하나이고, 제2 이온화 에너지는 B > C이므로, B는 Al, C는 Mg이다.

A~E의 홀전자 수 합은 5이므로, E는 홀전자 수가 1인 Na이다.
∴ A = O, B = Al, C = Mg, D = F, E = Na

ㄱ. ㉡은 제2 이온화 에너지이다.

(ㄱ. 참)

ㄴ. A~E에서 2주기 원소는 A(O), D(F)이다.

(ㄴ. 거짓)

ㄷ. 원자 반지름은 C(Mg) > B(Al) > D(F)이다.

(ㄷ. 참)

17. 정답 ①

(가)에서 X의 산화수는 $+1 \rightarrow 0$으로 감소하고, Y의 산화수는 $+4 \rightarrow +6$으로 증가하므로, X_2O는 산화제, YO_2는 환원제이다.
(나)에서 X의 산화수는 $+5 \rightarrow +2$로 감소하므로, XO_3^-은

산화제이고, $Y_2O_m^{2-}$은 환원제이다.

(나)에서 H 원자 수를 맞춰주면, $b = 2c$이다.

(가)와 (나)의 산화제, 환원제에서 X 또는 Y의 산화수를 정리하면 다음과 같다.

반응		(가)	(나)
화합물에서	산화제	+1	+5
X 또는 Y의 산화수	환원제	+4	$m-1$

(나)의 산화제에서 산화수(+5)는 (가)의 산화제 또는 환원제에서 X 또는 Y의 산화수의 2배가 될 수 없다. 따라서, ㉠은 산화제, ㉡은 환원제이고, (나)의 환원제에서 Y의 산화수는 +2 이다.
　→ $b = 2$, $c = 1$, $m = 3$

$$(나) :\ aXO_3^- + 3Y_2O_3^{2-} + 2H^+ \rightarrow aXO + 6YO_4^{n-} + H_2O$$

O 원자 수를 맞춰주면, $3a + 9 = a + 24 + 1$이고, $a = 8$이다. 이동한 전자의 양을 맞춰주면, $a \times 3 = 6 \times [(8-n)-2]$이고, $n = 2$이다.

ㄱ. (가)에서 각 원자의 산화수 중 가장 큰 값은 생성물에서 Y의 산화수인 +6이다.
(ㄱ. 참)

ㄴ. ㉠은 산화제이다.
(ㄴ. 거짓)

ㄷ. $\dfrac{m+n}{a} = \dfrac{3+2}{8} = \dfrac{5}{8}$이다.
(ㄷ. 거짓)

18. 정답 ③

Comment

2021학년도 9월 모의평가 중화 반응에서 V 값이 정수가 아니게 출제된 적이 이미 있으므로, V값이 정수가 아니라고 당황해서는 안된다.

이온 X와 Y는 음이온이므로, 각각 OH^-과 A^{2-}이다. $H_2A(aq)$을 넣었을 때, X의 몰 농도는 감소하고, Y의 몰 농도는 증가하므로, X는 OH^-이고, Y는 A^{2-}이다.

$H_2A(aq)$ 10 mL를 넣었을 때, OH^-과 A^{2-}의 몰수는 같다. A^{2-}의 양은 $10a$ mmol이므로, OH^-의 양은 $10a$ mmol이다. 이를 통해, 넣어 준 $H_2A(aq)$의 부피에 따른 OH^-의 양과 몰 농도, 혼합 용액의 부피를 정리하면 다음과 같다.

넣어 준 $H_2A(aq)$의 부피(mL)	0	10	12
OH^-의 양(mmol)	$30a$	$10a$	$6a$
OH^-의 몰 농도(M)	1.4	x	0.1
혼합 용액의 부피(mL)	V	$V+10$	$V+12$

$\Rightarrow$ $30a = 1.4 \times V$, $6a = 0.1 \times (V+12)$이고, 두 식을 연립하면, $V = \dfrac{20}{3}$, $a = \dfrac{14}{45}$이다.

$H_2A(aq)$ 10 mL를 넣었을 때, OH^-의 몰 농도(M)는 $x = \dfrac{10a}{V+10}$이므로, $x = \dfrac{14}{75}$이다. $\therefore \dfrac{x}{a} = \dfrac{3}{5}$

[별해]

---

x는 $H_2A(aq)$ 10 mL를 넣었을 때, A^{2-}의 몰 농도이다. a는 $H_2A(aq)$의 몰 농도이다. A^{2-}의 몰 농도는 $H_2A(aq)$과 혼합한 $NaOH(aq)$의 부피만큼 희석된다. 따라서, a와 x의 비율은 넣어 준 $H_2A(aq)$과 $NaOH(aq)$의 부피비만 알면 구할 수 있다.

→ $H_2A(aq)$ 10 mL와 $NaOH(aq)$ $\dfrac{20}{3}$ mL를 혼합했으므로, x는 a의 $\dfrac{3}{5}$ 배이다.

---

19. 정답 ②

Y의 질량이 (나)에서가 (가)에서의 4배이므로, Y_2Z_4의 양도 (나)에서가 (가)에서의 4배이다.

단위 질량당 Z 원자 수는 (가) : (나) $= 24 : 25$이고, 기체의 질량은 (가) : (나) $= 5 : 12$이므로, Z 원자 수는 (가) : (나) $= 2 : 5$이다.

실린더 속 기체의 모든 분자는 분자당 Z 원자 수가 4로 같으므로, Z 원자 수는 전체 분자의 몰수에 비례한다. 따라서 전체 기체의 양(mol)은 (가) : (나) $= 2 : 5$이다. → $x = \dfrac{5}{2}$

(가)와 (나)에서 $Y_2Z_4(g)$의 양을 각각 n mol, $4n$ mol이라 두고, (가)와 (나)에서 $XZ_4(g)$의 양을 각각 m mol로 두면, 전체 기체의 몰수는 $2 : 5$이므로, $m+n : m+4n = 2 : 5$이고, $m = n$이다.

(가)와 (나)에서 기체의 양을 정리하면 다음과 같다.

기체의		(가)	(나)
	XZ_4	n	n
양(mol)	Y_2Z_4	n	$4n$

⇒ (가) → (나)에서 첨가한 $Y_2Z_4(g)$ $3n$ mol의 질량이 $7w$ g이다. 첨가된 Y $6n$ mol의 질량은 $6w$ g이므로, 첨가된 Z $12n$ mol의 질량은 w g이다.

→ Y n mol의 질량 $= w$ g / Z n mol의 질량 $= \dfrac{w}{12}$ g

(가)의 실린더에는 X n mol, Y $2n$ mol($2w$ g), Z $8n$ mol($\dfrac{2}{3}w$ g)이 들어 있고, 전체 질량은 $5w$ g이므로, X n mol의 질량은 $\dfrac{7}{3}w$ g이다.

→ 원자량 비는 X : Y : Z $= 28 : 12 : 1$이다.

(가)에서 X의 질량은 $\dfrac{7}{3}w$ g이고, (나)에서 Z의 질량은 $\dfrac{5}{3}w$ g이다.

$\therefore x \times \dfrac{(가)에서\ X의\ 질량}{(나)에서\ Z의\ 질량} = \dfrac{5}{2} \times \dfrac{7}{5} = \dfrac{7}{2}$

---

20. 정답 ⑤

$A(g)$에 $B(g)$를 조금씩 넣으며 반응시킬 때, 반응 후 $A(g)$ 또는 $B(g)$의 질량은 완결점까지 감소하다가 완결점 이후로 증가한다. 실험 I 에서 $B(g)$가 남았다면, 반응 후 남은 반응물의 질량은 Ⅱ > I 이어야하므로, I 에서 남은 반응물은 $A(g)$이다.

반응 후 C의 밀도는 완결점까지 증가하다가 완결점 이후로 감소한다. 따라서 실험 Ⅱ에서 $B(g)$가 남았다면, C의 밀도는 Ⅱ > Ⅲ이어야하므로, Ⅱ에서 남은 반응물은 $A(g)$이다.

I 과 Ⅱ에서 각각 $B(g)$ w g과 $3w$ g이 반응했으므로, 반응량은 Ⅱ가

I의 3배이다. I과 II에서 반응한 $A(g)$의 질량을 각각 $k\,g$, $3k\,g$으로 두면, 반응 후 $A(g)$의 질량은 $x-k:x-3k=3:1$이므로, $k=\dfrac{1}{4}x$이다. $A(g)$ $\dfrac{1}{4}x\,g$과 $B(g)$ $w\,g$이 반응하므로, III에서 $A(g)$ $x\,g$과 $B(g)$ $4w\,g$이 반응한다.

반응량은 II : III $= 3:4$이므로, 반응 후 C의 양은 $3:4$이고, C의 밀도는 $7:8$이므로, 반응 후 전체 기체의 부피비는 II : III $= 6:7$이다.

$\dfrac{\text{III에서 반응 후 전체 기체의 부피(L)}}{\text{II에서 반응 후 전체 기체의 부피(L)}}=\dfrac{3}{2}$이므로, 반응 후 전체 기체의 부피(L)를 II, III에서 각각 $12V$, $14V$로 두면, III에서 반응 전 전체 기체의 부피는 $18V$이다.

반응량은 II : III $= 3:4$이므로, 반응 전후 전체 기체의 부피 변화량도 II : III $= 3:4$이다. III에서 전체 기체의 부피는 $4V\,L$ 감소했으므로, II에서 전체 기체의 부피는 $3V\,L$ 감소하고, II에서 반응 전 전체 기체의 부피(L)는 $15V$이다.

반응 전 전체 기체의 부피(L)는 II, III에서 각각 $15V$, $18V$이다. II→III에서 $B(g)$ $3w\,g$을 추가한 것이므로, 반응 전 부피 차 $3V\,L$는 $B(g)$ $3w\,g$의 부피이다. 따라서, $A(g)$ $x\,g$의 부피는 $12V\,L$이다. 기체 $V\,L$의 양을 $n\,\text{mol}$로 두고, 실험 II의 반응을 정리하면 다음과 같다.

II	$aA(g)$	$+$ $B(g)$	$\rightarrow$ $cC(g)$	전체
반응 전	$12n\,\text{mol}$	$3n\,\text{mol}$		$15V$
	$-9n\,\text{mol}$	$-3n\,\text{mol}$	$+9n\,\text{mol}$	
반응 후	$3n\,\text{mol}$	0	$9n\,\text{mol}$	$12V$

$\Rightarrow a=3$, $c=3$이다.

분자량의 비는 A : C $= 1:9$이고, 반응 몰비는 A : B : C $= 3:1:3$이므로, 반응 질량비는 A : B : C $= 1:8:9$이다. 따라서, $x=\dfrac{1}{2}w$이다.

실험 I의 반응을 정리하면 다음과 같다.

II	$3A(g)$	$+$ $B(g)$	$\rightarrow$ $3C(g)$	전체
반응 전	$12n\,\text{mol}$	$n\,\text{mol}$		$13V$
	$-3n\,\text{mol}$	$-n\,\text{mol}$	$+3n\,\text{mol}$	
반응 후	$9n\,\text{mol}$	0	$3n\,\text{mol}$	$12V$

$\Rightarrow$ 반응 후 C의 양은 I : II $= 1:3$이고, 반응 후 전체 기체의 부피는 I : II $= 1:1$이므로, C의 밀도는 I : II $= 1:3$이다. $\rightarrow y=\dfrac{7}{3}$이다.

$\therefore x\times y=\dfrac{7}{6}w$

정답

1	③	2	⑤	3	⑤	4	②	5	①
6	④	7	②	8	①	9	④	10	③
11	⑤	12	⑤	13	②	14	③	15	④
16	①	17	⑤	18	②	19	②	20	④

해설

1. 정답 ③

X와 Y는 각각 C, O이고, 원자가 전자 수는 각각 4, 6이다.

$$\therefore \frac{\text{Y의 원자가 전자 수}}{\text{X의 원자가 전자 수}} = \frac{3}{2}$$

2. 정답 ⑤

㉠은 에탄올이고, ㉡은 아세트산이다.

ㄱ. ㉠의 연소 반응은 발열 반응이다. (참)

ㄴ. ㉡을 물에 녹인 수용액은 산성 수용액이다. (참)

ㄷ. ㉠과 ㉡은 모두 탄소 화합물이다. (참)

3. 정답 ⑤

ㄱ. 자료에서 전기 음성도가 클수록 원자 반지름이 작아지므로, '작아진다'는 ㉠으로 적절하다. (참)

ㄴ. OF_2에는 극성 공유 결합이 있다. (참)

ㄷ. 전기 음성도는 $O > C$이므로 CO_2에서 O는 부분적인 음전하(δ^-)를 띤다. (참)

4. 정답 ②

W~Z는 각각 H, O, F, Li이다.

ㄱ. W는 1주기 원소이다. (거짓)

ㄴ. $Z(s)$는 연성(뽑힘성)이 있다. (참)

ㄷ. Z와 X의 안정한 화합물은 YZ이다. (거짓)

5. 정답 ①

중심 원자의 홀전자 수가 1인 원자는 B와 F이고, 2인 원자는 C, O이다. 결합각이 $120°$인 분자는 BH_3이다. 또한 중심원자가 C, O로 이루어진 분자는 CH_4, H_2O이고, 결합각은 $CH_4 > H_2O$이다. 따라서 (가)~(다)는 각각 BH_3, CH_4, H_2O이다.

ㄱ. $a = 3$이다. (참)

ㄴ. 원자 번호는 Y > X이다. (거짓)

ㄷ. (다)의 모양은 굽은형이다. (거짓)

6. 정답 ④

2주기 원자의 전자가 들어 있는 오비탈 수, 홀전자 수를 표로 정리하면 다음과 같다.

원소	Li	Be	B	C	N	O	F	Ne
오비탈수	2	2	3	4	5	5	5	5
홀전자 수	1	0	1	2	3	2	1	0

이 중 $\dfrac{\text{전자가 들어 있는 오비탈 수}}{\text{홀전자 수}}$가 같은 원소는 Li와 C로, 각 2로 같다.

또한 $\dfrac{\text{전자가 들어 있는 오비탈 수}}{\text{홀전자 수}}$가 $\dfrac{5}{3}$인 원소는 N이므로, Z는 N이다.

원자가 전자가 느끼는 유효 핵전하 조건을 통해 X는 C, Y는 Li임을 알 수 있다.

ㄱ. X의 원자가 전자 수는 4이다. (거짓)

ㄴ. 전기 음성도는 Z > X이다. (참)

ㄷ. 원자 반지름은 Y > Z이다. (참)

7. 정답 ②

반응 전 A_nB_n이 1mol 있다고 가정하자. A 원자 수는 반응 전후가 같으므로 반응 후 AB_2의 몰수는 $n$mol 존재하며, 이에 따라 반응 전 B_2의 몰수는 $\dfrac{n}{2}$mol이다.

반응 전 후 밀도가 같으므로 부피는 둘다 같다. 따라서 실린더 내 기체의 총 몰수에 대한 식을 세우면 다음과 같다.

$$1 + \frac{n}{2} = n \quad \therefore n = 2$$

8. 정답 ①

t_2일 때 (가)에서 X는 동적 평형에 도달하였으나, 전체 기체의 몰수는 t_3일 때가 t_2일 때보다 크다. 따라서 t_2일 때 (나)에서 X는 동적 평형 상태가 아니다. 또한 t_3일 때와 t_4일 때 전체 기체의 양이 같으므로, t_3일 때 (나)에서 X는 동적 평형 상태임을 알 수 있다.

ㄱ. t_3일 때 Y(l)과 Y(g)는 동적 평형 상태이다. (참)

ㄴ. t_1일 때 X(g)의 응축 속도는 X(l)의 증발 속도보다 작으므로 $a > 1$이다. (거짓)

ㄷ. t_1일 때 전체 기체의 양은 0.8보다 작다. 따라서 $b < 0.8$이다. (거짓)

9. 정답 ④

바닥상태에서 전자가 들어 있는 오비탈 수가 5인 원소는 N, O, F, Ne이고, 6인 원소는 Na와 Mg이다.

N, O, F, Ne에 대해

$\dfrac{p\ \text{오비탈에 들어 있는 전자 수}}{\text{전자가 2개 들어 있는 오비탈 수}}$ 를 정리하면 다음과 같다.

원소	N	O	F	Ne
	$\dfrac{3}{2}$	$\dfrac{4}{3}$	$\dfrac{5}{4}$	$\dfrac{6}{5}$

X와 Y의 비는 $6:5$인데, 이를 만족하는 원자쌍은 (N, F)가 유일하다. 따라서 X는 N, Y는 F임을 알 수 있다.

상댓값 자료를 통해 Z의

$\dfrac{p\ \text{오비탈에 들어 있는 전자 수}}{\text{전자가 2개 들어 있는 오비탈 수}}$ 는 1임을 알 수 있고, 이를 만족하는 원자는 Mg이 유일하므로 Z는 Mg이다.

ㄱ. 원자가 전자가 느끼는 유효 핵전하는 Y > X이다. (거짓)

ㄴ. Z는 3주기 원소이다. (참)

ㄷ. 전자가 2개 들어 있는 p 오비탈 수는 Z > X이다. (참)

10. 정답 ③

그림 (가)를 통해 W~Y의 족은 각각 2족, 15족, 14족임을 알 수 있다. 원자 번호 조건 내에 들어가는 2족 원소는 Mg가 유일하므로 W는 Mg이다. 또한 같은 이유로 X는 N이다. 또한 홀전자 수는 Y와 Z가 같으므로 Z는 홀전자 수가 2인 14족, 16족 원소임을 알 수 있다.

원자 반지름이 X > Z이므로 Z는 O가 될 수 없다. 따라서 Z는 C 이고, Y는 Si임을 알 수 있다.

ㄱ. Ne의 전자배치를 가지는 이온의 반지름은 X > W이다. (참)

ㄴ. Y와 Z는 같은 족 원소이다. (참)

ㄷ. 제2 이온화 에너지는 X > Z이다. (거짓)

11. 정답 ⑤

반응 전 후 X와 Y의 산화수 변화를 보면 다음과 같다.

X: $+(2m-1) \rightarrow +n$

Y: $+(n+2) \rightarrow +(n+3)$

Y는 산화되었으므로 XO_m^-는 산화제고, YO^{n+}는 환원제이며, 각각 $1:5$로 반응하였으므로 X와 Y의 산화수 변화 비는 $5:1$이다. 따라서 다음과 같은 방정식을 세울 수 있다.

$$2m - 1 - n = 5 \cdots ①$$

두 번째 조건을 통해 $d = na$임을 알 수 있고, 반응 전 후 수소 원자 개수를 통해 $c = \dfrac{n}{2}a$임을 알 수 있다. 반응물에서 산소 원자 개수를 구하면 총 $\left(m + 5 + \dfrac{n}{2}\right)a$개이고, 생성물에서 산소 원자 개수를 구하면 총 $10a$개임을 알 수 있다. 따라서 다음과 같은 수식을 세울 수 있다.

$$\left(m + 5 + \dfrac{n}{2}\right)a = 10a \cdots ②$$

①과 ②의 방정식을 연립하면, $m = 4$, $n = 2$가 나온다.

$$\therefore m + n = 6$$

12. 정답 ⑤

(가)의 부피는 6.6 L이므로 실린더 내 기체의 몰수는 $\dfrac{1}{4}$ mol이다.

(가) 내에 ^{79}X의 몰수를 p mol이라 하자. 그러면 ^{81}X의 몰수는 $\left(\dfrac{1}{4} - p\right)$ mol이 존재한다.

(가) 내의 기체의 질량은 $19 \times \dfrac{1}{4} + p \times 79 + \left(\dfrac{1}{4} - p\right) \times 81$ g이다. 이는 (가)의 밀도에 부피를 곱한 것과 같으므로, 다음과 같은 방정식을 세울 수 있다.

$$19 \times \dfrac{1}{4} + p \times 79 + \left(\dfrac{1}{4} - p\right) \times 81 = 3.75 \times 6.6 = \dfrac{99}{4} \quad \therefore p = \dfrac{1}{8}$$

따라서 ^{79}X와 ^{81}X의 존재비는 $^{79}X : {}^{81}X = 1 : 1$이다.

따라서 X의 평균 원자량은 80이고, XF의 평균 원자량은 99임을 알 수 있다.

ㄱ. 실린더 내 기체의 몰수는 $\dfrac{1}{4}$ mol이고, 평균 원자량은 99이므로, 실린더 내 양성자의 양과 중성자의 양의 합은 $\dfrac{99}{4}$ mol이다. 또한 조건에 의해 $\dfrac{중성자수}{양성자수} = \dfrac{5}{4}$이므로 양성자의 양은

$\dfrac{99}{4} \times \dfrac{4}{9}$ mol $= 11$ mol이다. (참)

ㄴ. 자연계에서 X의 평균 원자량은 80이다. (참)

ㄷ. XF의 양성자수는 44이고, F의 양성자수는 9이므로 X의 양성자수는 35이다. 따라서 X의 원자 번호는 35이다. (참)

〔별해〕

실린더 내 기체에서 모든 원자는 자연계와 동일한 존재비를 가지고 있으므로, XF의 평균 분자량은 실린더 내 기체 XF 1 mol의 질량이고, 이는 $26.4 \times 3.75 = 99$이다.

또한 F의 평균 원자량은 19.0이므로, X의 평균 원자량은 80임을 알 수 있다.

13. 정답 ②

(가)에서 B^{b+} $4N$ mol이 반응하여 A^{a+} $2N$ mol이 생성된다. 따라서 $a = 2b$이다. (나)에서 B^{b+} $8N$ mol을 첨가했을 때, A^{a+} $3N$ mol이 추가로 생성되었으므로 B^{b+} $6N$ mol이 반응하고 $2N$ mol이 남아있음을 알 수 있다. 또한 초기에 존재하는 A^{a+}의 양(mol)은 $5N$ mol이므로, $m = 5N$이다.

(나)에서 A^{a+} $5N$ mol과 B^{b+} $2N$ mol이 $C(s)$와 모두 반응하여 C^{c+} $4N$ mol이 생성하였다. 반응 전 후 전하량이 보존되므로 이에 대한 식을 세우면 다음과 같다.

$$2b \times 5 + b \times 2 = c \times 4 \quad \therefore c = 3b$$

ㄱ. (다)에서 $C(s)$는 산화하여 C^{c+}이 되므로, $C(s)$는 환원제로 작용한다. (거짓)

ㄴ. $c = \dfrac{3}{2}a$이다. (거짓)

ㄷ. $c = 3b$이므로 $C(s)$와 $B^{b+}(aq)$는 $1:3$으로 반응한다. 따라서 생성된 $C^{c+}(aq)$의 몰수는 $\dfrac{5}{3}N$ mol이다. (참)

14. 정답 ③

바닥상태 인(P) 원자에서 전자가 들어 있는 오비탈은 $1s$, $2s$, $2p$ $(m_l = -1, 0, 1)$, $3s$, $3p$ $(m_l = -1, 0, 1)$ 총 9개다.

조건 I을 만족하는 오비탈은 $3s$, $3p$ $(m_l = -1, 0, 1)$이다.

조건 II를 만족하는 오비탈은 $2p$ $(m_l = -1, 0, 1)$, $3s$이다.

조건 III을 만족하는 오비탈은 $1s$, $2s$, $2p$ $(m_l = 0)$, $3s$, $3p$ $(m_l = 0)$이다.

조건 I과 III을 동시에 만족하면서 조건 II를 만족하지 않는 오비탈은 $3p$ $(m_l = 0)$ 1개다.

조건 II만 만족하는 오비탈은 $2p$ $(m_l = -1, 1)$ 2개다.

따라서 (가)에 들어갈 오비탈의 수는 2개이고, (나)에 들어갈 오비탈의 수는 1개다.

15. 정답 ④

$2a$ M A(aq) 6 g의 부피를 V_1 mL, a M A(aq) 20 g의 부피를 V_2 mL라 하자. 20 g를 첨가한 시점의 수용액의 몰 농도는 $\dfrac{6}{5}a$ M이므로, 이에 대한 방정식을 세우면 다음과 같다.

$$\dfrac{2aV_1 + aV_2}{V_1 + V_2} = \dfrac{6}{5}a \quad \therefore V_2 = 4V_1$$

질량 비는 $6:20$이고, 부피비는 $1:4$이므로 밀도비는 $6:5$이다.

$$\therefore \dfrac{d_2}{d_1} = \dfrac{5}{6}$$

16. 정답 ①

$[OH^-]$는 (나)가 (가)의 10^3배이므로 pH는 (가)가 (나)보다 3 작

다. 이를 통해 pH에 대한 식을 세우면 다음과 같다.

$4x - x = 3$ $\therefore x = 1$

따라서 (가)와 (나)는 모두 산성 물질이고, $[H_3O^+]$는 (가)와 (나)가 각각 10^{-1}, 10^{-3}M이다.

H_3O^+의 몰수가 (가)：(나)$= 300 : 1$이므로, 부피비는 (가)：(나)$= 3 : 10$이다.

ㄱ. (가)는 산성 물질이다. (참)

ㄴ. $x = 1$이다. (거짓)

ㄷ. OH^-의 양은 (나)가 (가)의 $10^4/3$배이다. (거짓)

---

17. 정답 ⑤

(가)의 $X(l)$ 5mL는 $5dg$이고, 1g $X(l)$ 내 CH_3COOH의 질량은 0.2g이므로 $X(l)$ $5dg$에 들어 있는 CH_3COOH의 질량은 $5d \times 0.2g$이고, 따라서 (가)에 존재하는 CH_3COOH의 몰수는 $5d \times \dfrac{0.2}{60}$ mol이다.

(나)에서 전체 용액의 $\dfrac{1}{3}$을 취하였으므로, (나)에 존재하는 CH_3COOH의 몰수는 $5d \times \dfrac{0.2}{60} \times \dfrac{1}{3}$ mol이다. 또한 적정 과정에서 첨가한 $NaOH$의 몰수는 $\dfrac{x}{40} \times \dfrac{V}{100}$ mol이다. 이 둘의 몰수는 서로 같으므로 적정에 대한 식을 세우면 아래와 같다.

$$5d \times \frac{0.2}{60} \times \frac{1}{3} = \frac{x}{40} \times \frac{V}{100} \quad \therefore x = \frac{200d}{9V}$$

---

18. 정답 ②

A와 C의 반응 계수가 같으므로 반응에 참여한 A의 몰수만큼 C의 몰수가 생성된다. 따라서 A가 모두 반응하기 전까지 실린더 내 전체 부피는 항상 일정하고, C의 밀도는 증가하게 된다. 만약 A가 모두 반응하였다면 C가 들어 있는 실린더에 B를 추가로 넣게 되는 것이므로 C의 밀도는 줄어들게 된다. Ⅰ～Ⅳ에서 모두 C의 밀도가 감소하고 있으므로 적어도 Ⅱ～Ⅳ는 A가 모두 반응했음을 알 수 있다.

B wg에 해당하는 몰수를 $n$mol이라 하자.

Ⅱ와 Ⅲ에서 남은 반응물은 모두 같으므로 반응물의 질량은 몰수에 비례한다. 따라서 반응에 참여한 B의 몰수를 $m$mol이라 하고, 비례식을 세우면 다음과 같다.

$2n - m : 5n - m = 1 : 4$ $\therefore m = n$

따라서 Ⅰ은 반응 종결점임을 알 수 있다.

C의 밀도가 Ⅱ와 Ⅲ에서 $3 : 1$이므로 실린더 내 기체의 몰수는 $1 : 3$이다. 따라서 Ⅱ와 Ⅲ에서 존재하는 B와 C의 몰수의 합은 $\dfrac{3}{2}n$mol이다. Ⅱ에서 남아 있는 B의 몰수는 $n$mol이므로, 생성된 C의 몰수는 $\dfrac{1}{2}n$mol이다. 즉, $b = 2$이다.

Ⅱ에서 실린더 내 기체의 총 몰수는 $\dfrac{3}{2}n$mol이므로, Ⅳ에서 기체의 총 몰수는 $6n$mol이다. 따라서 남아 있는 B의 몰수는 $\dfrac{11}{2}n$mol이고, 첨가한 B의 몰수는 $\dfrac{13}{2}n$mol이다. 따라서 $x = \dfrac{13}{2}w$이다.

$$\therefore b \times x = 2 \times \frac{13}{2}w = 13w$$

---

19. 정답 ②

밀도 조건을 통해 부피비를 구하자.

질량은 (가)：(나)$= 3 : 5$이고, 밀도는 (가)：(나)$= 54 : 55$이므로, 부피는 (가)：(나)$= 11 : 18$이다. 편의상 (가)와 (나)에서 기체의 몰수를 각각 11mol, 18mol이라 하자.

X_aY_b wg의 몰수를 $n$mol, $X_aY_cZ_a$ wg의 몰수를 $m$mol이라 하고 연립방정식을 세우면 다음과 같다.

$n + 2m = 11$

$2n + 3m = 18$

$\therefore n = 3, \ m = 4$

이를 통해 (가)와 (나)에서 X 원자 수를 구해보면 각각 $11aN$, $18aN$이 나온다.(N은 아보가드로 수) 이를 통해 Y 원자 수를 구하면 각각 $28aN$, $48aN$임을 알 수 있고, 따라서 다음과 같은 연립방정식을 세울 수 있다.

$3b + 8c = 28a$

$6b + 12c = 48a$

$\therefore b = 4a, \ c = 2a$

(가)에서 Z 원자 수는 $8aN$이고, 따라서 X 원자 수와 Z 원자 수 비는 $11 : 8$임을 알 수 있다. 그러나, $\dfrac{Z의\ 질량}{X의\ 질량} = \dfrac{32}{33}$이므로 $\dfrac{Z의\ 원자량}{X의\ 원자량} = \dfrac{4}{3}$임을 알 수 있다.

(나)에서 X 원자 수와 Z 원자 수는 각각 $18aN$, $12aN$이므로, (나)에서 $\dfrac{Z의\ 질량}{X의\ 질량} = \dfrac{8}{9}$이다.

$$\therefore x \times \frac{b}{c} = \frac{8}{9} \times \frac{4}{2} = \frac{16}{9}$$

---

20. 정답 ④

혼합 용액 내 음이온은 산성인 경우 A^{2-}가 유일하고, 염기성인 경우 A^{2-}와 OH^-가 존재한다. 따라서 음이온의 총 몰수는 산성일 때 까지 일정했다가 염기성 용액이 되는 순간부터 증가하는 양상을 보인다.

Ⅲ에서 (나)와 (다)에서 혼합 용액 내 모든 음이온의 몰 농도 합은 (다)가 (나)보다 크다. 따라서 Ⅲ에서 넣은 KOH의 몰수가 NaOH 몰수보다 큼을 알 수 있다. 그러므로 Ⅱ에서 (나)의 액성이 염기성, (다)가 산성일 수 없다. 조건에 의해 두 용액의 액성이 같을 수 없으므로, (나)가 산성, (다)가 염기성이다.

(나)의 Ⅱ에서 산성임이 보장되므로, Ⅱ에서 음이온의 몰 농도 합은 혼합 용액의 부피에 반비례한다. 이를 통해 비례식을 세우면 다음과 같다.

$V + 10 : V + 20 = 2 : 3$ $\therefore V = 10$

Ⅱ에서 (나)와 (다)에서 음이온의 총 몰수를 구하면 (나)：(다)$= 5 : 7$이다. 즉 H_2A VmL에 존재하는 A^{2-}의 몰수를 $5n$mol이라 할 때, (다)의 Ⅱ에서 존재하는 OH^-의 양은 $2n$mol이고, 따라서 첨가한 KOH의 양은 $12n$mol임을 알 수 있다.

또한 (나)의 Ⅱ에서 존재하는 H^+의 양은 $2n$mol이고, 따라서 첨가한 NaOH의 양은 $8n$mol임을 알 수 있다.

따라서 $a : b : c = 5 : 4 : 6$이다.

Ⅲ에서 (나)와 (다)에서 액성이 같으므로, 두 용액은 모두 염기성이다. Ⅲ까지 (나)와 (다)에서 첨가한 NaOH와 KOH의 몰수를 각 각 $4m$mol, $6m$mol이라 하고, 혼합 용액 내 모든 음이온의 몰수에 대한 비례식을 세우면 다음과 같다.

$4m - 5n : 6m - 5n = 3 : 5$ $\therefore m = 5n$

따라서 Ⅲ까지 첨가한 NaOH의 양은 $20n$mol이고, 따라서 $x = 50$임을 알 수 있다.

$$\therefore x \times \frac{b}{a} = 50 \times \frac{4}{5} = 40$$

클러스터 모의고사 〔5회〕

과학탐구 영역(화학 I)

1	②	2	①	3	③	4	⑤	5	③
6	③	7	④	8	③	9	④	10	①
11	⑤	12	③	13	⑤	14	③	15	⑤
16	⑤	17	④	18	②	19	②	20	①

해설

1. 정답 ②

ㄱ. 연소 반응은 발열 반응이므로, 주위로 열이 방출된다.

(ㄱ. 거짓)

ㄴ. 에탄올(C_2H_5OH)은 의료용 소독제의 원료이며, 산화시켜 아세트산을 만들 수 있다. 따라서 에탄올(C_2H_5OH)은 ⓒ으로 적절하다.

(ㄴ. 참)

ㄷ. ⊙과 ⓒ은 탄소와 수소 및 산소 또한 포함하고 있으므로, 탄화수소가 아니다.

(ㄷ. 거짓)

2. 정답 ①

(가)와 (나)의 쌍극자 모멘트를 통해, 전기음성도는 $X > Y > Z$임을 알 수 있다. 따라서 X~Z는 각각 F, O, C이고, (가)와 (나)는 각각 OF_2, COF_2이다.

ㄱ. X는 F이다.

(ㄱ. 참)

ㄴ. 전기음성도는 $Y > Z$이므로, ZY_2에서 Z는 부분적인 양전하(δ^+)를 띤다.

(ㄴ. 거짓)

ㄷ. 다중 결합의 수는 (가)와 (나)가 각각 0개, 1개이므로, (가)와 (나)가 다르다.

(ㄷ. 거짓)

3. 정답 ③

반응 전과 후 기체 전체의 질량은 일정하므로, 기체의 밀도는 부피에 반비례한다. 따라서 반응 전과 후 기체의 부피비는 $9:10$임을 알 수 있다.

반응 전 실린더에 $1\,mol$의 X_nY_{2n+2}이 있다고 가정하자. 그러면 반응 후 XZ_2와 Y_2Z는 각각 $n\,mol$, $(n+1)\,mol$이 존재한다. 그러므로 반응 전 존재하는 Z 원자 수는

$2n + n + 1 = (3n+1)\,mol$이 존재한다. 이를 통해 반응 전 존재하는 Z_2의 몰수를 구해보면 $\left(\dfrac{3}{2}n + \dfrac{1}{2}\right)mol$이 존재했음을 알 수 있다.

실린더 속 온도와 압력이 일정하므로, 기체의 부피비는 몰수비와 같다. 따라서 반응 전후 몰수비에 대한 비례식을 세우면 다음과 같다.

$$1 + \frac{3}{2}n + \frac{1}{2} : n + n + 1 = \frac{3}{2}n + \frac{3}{2} : 2n + 1 = 9 : 10 \quad \therefore n = 2$$

즉, X_nY_{2n+2}의 분자식은 X_2Y_6이고, 반응 전 실린더 속 Z_2의 몰수는 $\left(\dfrac{3}{2}n + \dfrac{1}{2}\right)mol = \dfrac{7}{2}\,mol$이다.

$$\therefore \text{반응 전 실린더 속 } \frac{Z_2 \text{의 양(mol)}}{X_nY_{2n+2} \text{의 양(mol)}} = \frac{7/2}{1} = \frac{7}{2}$$

4. 정답 ⑤

B_2C_2의 화학 결합 모형을 통해, B와 C는 각각 O, H임을 알 수 있다. 또한 A와 B는 $1:1$로 이온결합을 하고 있으므로, A는 Mg이고, $n = 2$임을 알 수 있다.

ㄱ. A는 금속 원자이므로, $A(s)$는 연성(뽑힘성)이 있다.

(ㄱ. 참)

ㄴ. C는 비금속 원자이므로, C_2는 공유 결합 물질이다.

(ㄴ. 참)

ㄷ. $n = 2$이다.

(ㄷ. 참)

5. 정답 ③

⊙은 시간에 따라 증가하므로, ⊙은 설탕 수용액의 몰 농도(M)이다.

ㄱ. ⊙은 설탕 수용액의 몰 농도(M)이다.

(ㄱ. 참)

ㄴ. 설탕의 석출 속도는 0에서 시작하여 점차 증가하다 평형 상태때 일정하게 된다. 따라서 설탕의 석출 속도는 $2t$일 때가 t일 때보다 크다.

(ㄴ. 거짓)

ㄷ. $2t$ 이후는 설탕 수용액이 용해 평형 상태이므로, 녹지 않은 설탕의 질량은 같다. 따라서 녹지 않은 설탕의 질량(g)은 $2t$일 때와 $3t$일 때가 같다.

(ㄷ. 참)

6. 정답 ③

A는 Cl, B는 H, C는 O이다. NaCl은 Na^+와 Cl^-로 이루어진 이온 결합 물질이다. 따라서 A_2는 Cl_2이고, 무극성 공유 결합이 존재한다. 생성되는 H_2와 O_2의 몰 수 비는 $2:1$이다.

ㄱ. NaCl은 Na^+와 Cl^-로 이루어진 이온 결합 물질이다.

(ㄱ. 참)

ㄴ. A_2은 Cl_2이고 무극성 공유 결합이 존재한다.

(ㄴ. 참)

ㄷ. 생성되는 H_2와 O_2의 몰 수 비는 $2:1$이다.

(ㄷ. 거짓)

7. 정답 ④

Ar은 $3p$ 오비탈까지 전자가 채워져 있으므로, n은 $0 \sim 3$, l은 0 또는 1, m_l은 $-1 \sim 1$의 범위를 가진다. (다), (가), (라)의 m_l이 서로 다르므로, (다), (가), (라)의 m_l은 각각 1, 0, -1이고, 이에 따라 (다), (라)는 p 오비탈임을 알 수 있다.

만약 (다)와 (라)가 $3p$ 오비탈이라고 하면 에너지 준위가 더 큰

오비탈 (나)가 존재할 수 없다. 따라서 (다)와 (라)는 각각
$m_l = 1$, $m_l = -1$인 $2p$ 오비탈이고, (다)의 $n+l = 3$이다.
(나)의 $n+l = 3$이여야 하고, 에너지 준위는 (다)보다 커야 하므로
(나)는 $3s$ 오비탈이다. 또한, (가)의 $n+l$는 4 이상이어야 하므로
(가)는 $m_l = 0$인 $3p$ 오비탈이다.

ㄱ. (가)는 $m_l = 0$인 $3p$ 오비탈이다.

(ㄱ. 거짓)

ㄴ. (다)의 $l+m_l = 2$이다.

(ㄴ. 참)

ㄷ. (가)~(라)의 $n-l$를 구하면 각각 2, 3, 1, 1이므로, $n-l$가
가장 큰 오비탈은 (나)이다.

(ㄷ. 참)

---

8. 정답 ③

몰 농도와 부피 자료를 통해 (가)와 (다)에 들어 있는 용질의 몰수
비를 구할 수 있고, (가):(다) $= 0.6 \times 2V : 0.2 \times V = 6 : 1$이다.
한편, 용질의 질량 조건과 분자량 비를 통해 (나)와 (다)에 들어
있는 용질의 몰수비를 구할 수 있다.

$$(나):(다) = \frac{2x}{a} : \frac{x}{3/2a} = 3 : 1$$

(다)에 들어 있는 용질의 몰수를 n mol라 하고, (가)~(다)에 들
어 있는 용질의 몰수를 구하면 아래와 같다.

용액	(가)	(나)	(다)
용질의 몰수	$6n$ mol	$3n$ mol	n mol

(나)와 (다)의 몰농도가 같으므로, 몰수비와 부피비가 같다. 이를
통해 (나)의 부피는 $3V$ mL임을 알 수 있다.
(가)와 (나)를 혼합하여 만든 수용액의 부피는 $5V$ mL, 그리고 몰
수는 $9n$ mol이다. (다)는 0.2M이므로, 비례식을 사용하여 다음과
같이 수용액의 몰 농도를 구할 수 있다.

$$\frac{n}{V} : \frac{9n}{5V} = 0.2 : x$$

$$x = \frac{9}{5} \times 0.2 = \frac{9}{25} \text{M이다.}$$

---

9. 정답 ④

반응 전과 후의 전하량의 총합은 변하지 않는다. Ⅰ과 Ⅱ의 반응
전은 모두 A^+ N mol이 들어 있는 수용액이었으므로, 반응 후 Ⅰ
과 Ⅱ에 들어 있는 전하량의 총합 또한 서로 같다. 반응 후 비커
속 존재하는 양이온의 몰수를 각각 $2k$, $3k$ mol이라고 하고, Ⅰ과
Ⅱ에서 전하량 보존법칙을 적용하면 다음과 같다.

$$b \times 2k = c \times 3k \quad \therefore \frac{b}{c} = \frac{3}{2}$$

b와 c는 3 이하의 자연수이므로, $b = 3$, $c = 2$이다.

ㄱ. A^+는 B와 C를 산화시켜 자신이 환원되므로, (나)에서 A^+는
산화제로 작용한다.

(ㄱ. 거짓)

ㄴ. $c = 2$이다.

(ㄴ. 참)

ㄷ. Ⅰ에 들어 있는 양이온의 가수는 $+3$가 양이온이므로, 반응 후
Ⅰ에 들어 있는 양이온의 양은 $\frac{1}{3}N$ mol이다.

(ㄷ. 참)

---

10. 정답 ①

풍선의 크기는 전자쌍 사이의 반발력 크기에 비유할 수 있다. 풍선
의 크기가 클수록 작은 풍선이 차지하는 공간이 줄어들어 점점 모
이게 되고, 이에 따라 결합각 또한 작아지게 된다.
마찬가지로, 비공유 전자쌍은 중심 원자와 매우 가까이 위치하므로
다른 전자쌍에게 상대적으로 큰 반발력을 줄 수 있다. 따라서 공유
전자쌍은 한쪽으로 모이게 되어 결합각이 작아지게 된다.
따라서 비공유 전자쌍 사이의 반발력이 공유 전자쌍 사이의 반발력
보다 크고, 중심 원자의 비공유 전자쌍 수가 많아질수록 결합각은
작아진다.

ㄱ. 위 탐구 활동은 중심 원자의 전자쌍이 4개인 분자에서 결합각
이 달라지는 경우를 살펴본 것이다. 따라서 중심 원자의 전자쌍 수
가 같아도 분자의 결합각이 달라질 수 있다.

(ㄱ. 참)

ㄴ. 학습 내용에서 비공유 전자쌍 사이의 반발력이 공유 전자쌍 사
이의 반발력보다 크기 때문에 큰 풍선은 비공유 전자쌍 사이의 반
발력, 작은 풍선은 공유 전자쌍 사이의 반발력이다. 따라서 이 실
험의 결론은 '중심 원자의 비공유 전자쌍 수가 많아질수록 결합각
은 작아진다.' 이다. 따라서 '공유 전자쌍 수'는 ㉠으로 적절하지 않
다.

(ㄴ. 거짓)

ㄷ. H_2O, NH_3, CH_4의 중심 원자의 비공유 전자쌍 수는 각각 2,
1, 0이므로, 결합각은 $CH_4 > NH_3 > H_2O$순이다.

(ㄷ. 거짓)

---

11. 정답 ⑤

2, 3 주기 원자에 들어 있는 총 전자 수는 s 오비탈에 들어 있는
전자 수와 p 오비탈에 들어 있는 전자 수의 합이다. 즉, 그림의 자
료는 총 전자 수 대비 s 오비탈, p 오비탈에 들어 있는 전자 수에
대한 자료로 해석할 수 있다. 전자의 개수는 정수이므로, 원자의
총 전자 수는 주어진 자료에서 분모의 정수배에 해당된다.
주어진 자료에서 X와 Y의 분모는 3이므로, 총 전자 수가 3의 배
수인 원자들은 Li, C, F, Mg, P, Ar이다. Li에 들어 있는 전자
중 p 오비탈에 들어 있는 전자는 존재하지 않으므로, 제외하여 생
각하였을 때, 5가지 원자들의 s 오비탈, p 오비탈에 들어 있는 전
자 수를 구하면 다음과 같다.

원자	C	F	Mg	P	Ar
$s:p$	2:1	4:5	1:1	2:3	1:2

즉, X와 Y는 C와 Ar 중 하나이고, 유효 핵전하 자료를 통해 X는
C, Y는 Ar이다. (유효 핵전하는 같은 주기 내 족이 커질수록 증
가하므로, Ne > C이다. 또한, 같은 족 내 주기가 커질수록 증가하
므로, Ar > Ne이다. 따라서, 원자가 전자가 느끼는 유효 핵전하는
Ar > C이다.)
Z의 총 전자 수는 분모의 정수배에 해당되므로, 전자 수가 5의 배
수인 B, Ne, P를 비교하면 다음과 같다.

원자	B	Ne	P
$s:p$	4:1	2:3	2:3

Y와 Z는 같은 주기 원소이므로, Z는 P이다.

ㄱ. X는 2주기 원소이다.

(ㄱ. 참)

ㄴ. p 오비탈에 들어 있는 전자 수는 Y와 Z가 각각 12, 9개이므
로, Y : Z = 4 : 3이다.

(ㄴ. 참)

ㄷ. X~Z의 홀전자 수는 각각 2, 0, 3이므로, X~Z의 홀전자 수
의 합은 5이다.

(ㄷ. 참)

---

12. 정답 ③

이온 반지름은 $O > F > Na > Mg$이다.
제1 이온화 에너지는 $F > O > Mg > Na$이다.
제2 이온화 에너지는 $Na > O > F > Mg$이다.
㉠과 ㉡을 보면 X가 가장 작으므로 X는 Na 또는 Mg이다.
X가 Mg일 경우 ㉢을 만족시킬 수 없으므로 X는 Na이다.
따라서 ㉢은 제2 이온화 에너지이다.
제1 이온화 에너지는 Na가 O, F에 비해 압도적으로 작으므로 ㉠
은 제1 이온화 에너지, ㉡은 이온 반지름이다.
따라서 W는 F, Y는 O, Z는 Mg이다.

ㄱ. ㉡은 이온 반지름이다.

(ㄱ. 참)

ㄴ. 제1 이온화 에너지는 $Z > X$, 원자 반지름은 $X > Z$이므로
$\dfrac{\text{제1 이온화 에너지}}{\text{원자 반지름}}$는 $Z > X$이다.

(ㄴ. 거짓)

ㄷ. 원자가 전자가 느끼는 유효 핵전하는 $W > Y$이다.

(ㄷ. 참)

---

13. 정답 ⑤

(가)의 구성 원소와 분자당 구성 원자 수를 통해 XY_2 혹은 X_2Y임
을 알 수 있다. 또한, (나)가 XZ_3 혹은 X_3Z라고 한다면, 옥텟 규
칙을 만족하면서 C, O, F로 조합할 수 있는 경우가 존재하지 않
는다. 따라서 (나)는 X_2Z_2임을 알 수 있고, 공유 원자쌍 수 조건에
의하여 (나)는 O_2F_2임을 알 수 있다. 이를 통해 (가)는 CO_2임을
알 수 있으며, 따라서 X~Z는 각각 O, C, F임을 알 수 있다.
(다)와 (라)는 C, F로 이루어진 분자이며, (다)에서 분자당 Y 원
자 수는 2 이하이므로, 모든 가능한 경우의 수를 나열하여 (다)의
분자식을 결정할 수 있다.

(다)	CF_4	C_2F_6	C_2F_4	C_2F_2
분자당 구성 원자수	5	8	6	4
공유 전자쌍 수	4	7	6	5

따라서 (다)의 분자식은 C_2F_4임을 알 수 있고, $a = 6$이다.
(라)의 분자당 구성 원자 수는 5인데, 이를 만족하는 분자는 CF_4
가 유일하다. 따라서 (라)는 CF_4이고, $b = 4$이다.

ㄱ. (나)와 (가)의 비공유 전자쌍 수는 각각 10, 4이므로, 비공유
전자쌍 수는 (나)가 (가)의 $\dfrac{5}{2}$배다.

(ㄱ. 거짓)

ㄴ. (다)는 Y_2Z_4이다.

(ㄴ. 참)

ㄷ. $a + b = 10$이다.

(ㄷ. 참)

N개의 원자가 단일 결합을 이루고 있다고 했을 때, 공유 전자쌍 수
는 $(N-1)$개다(처음 두 원자가 단일 결합을 이루고 있고, 나머지
원자들은 기존의 원자 하나를 선택하여 결합을 할 수 있기 때문).

만약, 하나의 단일 결합이 2중 결합으로 바뀌게 된다면 기존에 결
합하였던 두 개의 원자와 이어진 전자들은 서로 전자쌍을 형성해
새로운 결합을 형성하여 구성 원자 수는 모두 단일 결합으로 이루
어진 분자에 비해 2개가 감소한다. 한편, 공유 전자쌍 수는 2개가
소멸하고 새로운 결합 1개가 형성되었으므로, 결과적으로 공유 전
자쌍 수는 1개가 감소한다.

따라서 N개의 원자가 단일 결합을 이루고 있는 상황에서 2중 결합
이 형성되었다고 하였을 때, $(N-2)$개의 원자가 공유 전자쌍 수
$(N-2)$개를 이루고 있는 것과 같다. 즉, 분자 내 단 1개의 2중 결
합과 나머지가 모두 단일 결합으로 이루어진 분자는 분자의 구성
원자 수와 공유 전자쌍 수가 같다.
(나)에서 4개의 원자가 3개의 공유 전자쌍 수를 가지고 있으므로,
(나)의 모든 원자는 단일 결합으로 이루어져 있음을 알 수 있고,
(다)의 분자의 구성 원자 수와 공유 전자쌍 수가 같으므로, (다)의
분자에는 2중 결합이 1개 포함되어 있음을 알 수 있다.

---

14. 정답 ③

(가)에서 M과 NO_x^-의 반응비가 $1:1$이므로, M과 N의 산화수 변
화 또한 같다. M과 N의 산화수 변화를 구하고, 산화수 변화에 대
한 방정식을 세워 x를 구하면 다음과 같다.

실험	반응 전	반응 후
M	0	$+x$
N	$+(2x-1)$	$+2$

$x = 2x - 1 - 2$ ∴ $x = 3$
반응 전후 산소와 수소 원자의 개수를 통해 a, b를 구하면 다음과
같다.
$3 = 1 + b$, $a = 2b$ ∴ $b = 2$, $a = 4$
(나)에서 S는 SO_2^{2-}에서 SO_3^{2-}로 산화되었으므로, M은 환원된
다. M의 산화수 변화는 (가)와 (나)에서 같으므로, $M_2O_y^{2-}$에서
M의 산화수는 $+6$임을 알 수 있다. (나)에서 S의 산화수는 2 증
가$(+4 \rightarrow +6)$, M의 산화수는 3 감소$(+6 \rightarrow +3)$하였으므로, 반응
비는 M : S = 2 : 3이다. 따라서 $c = 3$이다.
마찬가지로 반응 전후 산소와 수소 원자의 개수를 통해 d, e를 구
하면 다음과 같다.
$7 + 6 = 9 + e$, $d = 2e$ ∴ $e = 4$, $d = 8$

$$\therefore \frac{b+d}{x+y} = \frac{2+8}{3+7} = 1$$

---

15. 정답 ⑤

(가)~(다)는 모두 이온 결합 물질이고 모든 이온은 원자 번호가
$7 \sim 13$ 중 하나이며 Ne의 전자 배치를 가지므로 모든 이온은 전자
수가 10으로 동일하다.

그러므로 $\dfrac{\text{전자 수}}{\text{중성자 수}}$를 이용하면 ㉠과 ㉣의 중성자 수는 14, ㉡
과 ㉢의 중성자 수는 10이다.

$\dfrac{\text{중성자 수}}{\text{양성자 수}}$는 ㉠과 ㉢이 $14 : 15$인데, 중성자 수가 $14 : 10$이므로
양성자 수는 $3 : 2$이다.
두 이온이 원자 번호가 $7 \sim 13$ 중 하나이므로 각각 원자 번호가

12. 8이다.

이온 결합 비를 이용하면 ㉠은 Mg^{2+}이므로 ㉡은 F^-, ㉢은 O^{2-}이므로 ㉣은 Al^{3+}이다.

또한, $a=1$, $b=1$, $c=2$이다.

ㄱ. $a+b+c=4$이다.

(ㄱ. 참)

ㄴ. 물질 1mol당 $\dfrac{중성자\ 수}{양성자\ 수}$는 (가)에서 $\dfrac{34}{30}=\dfrac{17}{15}$, (나)에서

$\dfrac{24}{20}=\dfrac{18}{15}$이므로 (가)가 (나)보다 작다.

(ㄴ. 참)

ㄷ. ㉡과 ㉣이 이루는 안정한 화합물은 AlF_3이고 1mol에 들어 있는 중성자 수는 44mol이다.

(ㄷ. 참)

---

16. 정답 ⑤

(가)의 수용액 x g에 들어있는 CH_3COOH의 양은 퍼센트 농도에 의해 $\dfrac{3x}{50a}$ mol있으므로 중화적정에 사용된 CH_3COOH의 양은 그의 절반인 $\dfrac{3x}{100a}$ mol이다. 중화적정에 사용된 $NaOH$의 양은

$\dfrac{12}{1000}$ mol이므로 $\dfrac{3x}{100a}=\dfrac{12}{1000}$이고 이를 풀어주면 $x=0.4a$이다. (가)의 수용액 x g은 밀도가 $0.25(g/mL)$이므로 $4x$ mL이다. (가)의 수용액 x g에 들어있는 CH_3COOH의 양은 퍼센트 농도에 의해 $\dfrac{3x}{50a}$ mol이므로 $CH_3COOH(aq)$의 몰농도는

$\dfrac{\frac{3x}{50a}}{\frac{4x}{1000}}=\dfrac{15}{a}$ M이다.

ㄱ. A는 "붉은색"이다.

(ㄱ. 참)

ㄴ. $x=0.4a$이다.

(ㄴ. 참)

ㄷ. $CH_3COOH(aq)$의 몰농도는 $\dfrac{15}{a}$ M이다.

(ㄷ. 참)

---

17. 정답 ④

$\dfrac{H_3O^+의\ 양(mol)}{OH^-의\ 양(mol)}$에서 분자와 분모에 각각 수용액의 부피로 나누게 된다면 이는 $\dfrac{[H_3O^+]}{[OH^-]}$와 같다. 또한 $[H_3O^+][OH^-]=K_w$로 일정하므로, 이는 $\dfrac{[H_3O^+]^2}{K_w}$로 고칠 수 있다. 즉, $\dfrac{H_3O^+의\ 양(mol)}{OH^-의\ 양(mol)}$은 $[H_3O^+]^2$에 비례한다.

(가)는 (나)에 비해 pH가 $2a$ 작으므로, $[H_3O^+]$는 (가)가 (나)의 10^{2a}배이다. 이를 통해 a를 구하면 다음과 같다.

$(10^{2a})^2=10^{12}$ $\therefore a=3$

이를 통해 (가)~(다)의 H_3O^+의 양(mol)과 OH^-의 양(mol)를 정리하면 다음과 같다.

수용액	(가)	(나)	(다)
pH	3	9	b
부피	V	$10V$	
H_3O^+의 양(mol)	$10^{-3}V$	$10^{-8}V$	$10^{-3}V$
OH^-의 양(mol)	$10^{-11}V$	$10^{-4}V$	$10^{-4}V$

(다)에서 H_3O^+의 양(mol)은 OH^-의 양(mol)의 10배이므로, $[H_3O^+]$와 $[OH^-]$는 각각 $10^{-6.5}$ M, $10^{-7.5}$ M이고, (다)의 pH는 6.5이다.

ㄱ. $a=3$이므로, (가)의 액성은 산성이다.

(ㄱ. 참)

ㄴ. $\dfrac{(나)에서\ H_3O^+의\ 양(mol)}{(가)에서\ OH^-의\ 양(mol)}=\dfrac{10^{-8}V}{10^{-11}V}=10^3$이다.

(ㄴ. 거짓)

ㄷ. $b=6.5$이다.

(ㄷ. 참)

---

18. 정답 ②

실린더 (가)에 존재하는 XY_3Z의 몰수를 n mol이라 하자. $\dfrac{Y\ 원자\ 수}{Z\ 원자\ 수}$ 조건에 의해 (가)에 존재하는 Y 원자 수는 $5n$ mol이고, 따라서 X_2Y_2의 몰수는 n mol이다.

같은 방법으로 (나)에 존재하는 XYZ_3의 몰수를 m mol이라 하고 Y_2Z의 몰수를 $\dfrac{Y\ 원자\ 수}{Z\ 원자\ 수}$ 조건을 통해 구하면 다음과 같다.

$\dfrac{m+2x}{3m+x}=\dfrac{17}{16}$ $\therefore x=\dfrac{7}{3}m$

따라서 Y_2Z의 몰수는 $\dfrac{7}{3}m$ mol이다.

또한, 전체 원자 수 조건을 통해 n과 m의 관계식을 구하면 다음과 같다.

$5\times n+4\times n:5\times m+3\times\dfrac{7}{3}m=1:4$ $\therefore m=3n$

실린더 속 들어 있는 기체의 몰수를 표로 정리하면 다음과 같다.

실린더	기체	기체의 양(mol)	기체에 들어 있는 원자 수(mol)		
			X	Y	Z
(가)	XY_3Z	n	$3n$	$5n$	n
	X_2Y_2	n			
(나)	XYZ_3	$3n$	$3n$	$17n$	$16n$
	Y_2Z	$7n$			

실린더 내 기체의 밀도는 서로 같으므로, (가)와 (나)에 들어 있는 기체의 질량비는 (가):(나)$=1:5$이다.

편의상 (가)에 들어 있는 기체의 질량을 w g라고 할 때, (나)의 기체의 질량은 $5w$ g이다. 1 g에 들어 있는 X의 질량(g) 자료에 의해 (가)에 들어 있는 X의 질량(g)은 $\dfrac{2}{3}w$ g이다. 즉, X n mol의 질량은 $\dfrac{2}{9}w$ g이다.

Y n mol의 질량은 M_Y라 하자. (가)에서 Y와 Z의 질량의 합은 $\dfrac{1}{3}w$ g이므로, Z n mol의 질량은 $\left(\dfrac{1}{3}w-5M_Y\right)$ g이다.

이를 통해 (나)에서 기체의 총 질량에 대한 식을 세우면 다음과 같다.

$\dfrac{2}{9}w\times3+17M_Y+\left(\dfrac{1}{3}w-5M_Y\right)\times16=5w$ $\therefore M_Y=\dfrac{1}{63}w$

따라서 Y, Z $n\,\mathrm{mol}$의 질량은 각각 $\dfrac{1}{63}w$, $\dfrac{16}{63}w\,\mathrm{g}$이다.

편의상 X~Z의 원자량을 $14M$, M, $16M$라 하고, X_2Y_2와 Y_2Z의 분자량을 구하면 각각 $30M$, $18M$이고, (가)와 (나)에 각각 $n\,\mathrm{mol}$, $7n\,\mathrm{mol}$ 존재하므로 $\dfrac{(가)에서\ X_2Y_2의\ 질량}{(나)에서\ Y_2Z의\ 질량}=\dfrac{30\times 1}{18\times 7}$이다.

$\dfrac{(가)에서\ X_2Y_2의\ 질량}{(나)에서\ Y_2Z의\ 질량}\times\dfrac{X의\ 원자량}{Y의\ 원자량}=\dfrac{30}{18\times 7}\times\dfrac{14}{1}=\dfrac{10}{3}$이다.

---

19. 정답 ②

$H_2A\,(aq)$의 농도가 $2.5\,\mathrm{M}$이므로, $H_2A\,(aq)$ $30\,\mathrm{mL}$에 들어 있는 H^+의 양은 $150\,\mathrm{mmol}$이다. P에서 H^+의 양은 $60\,\mathrm{mmol}$이므로, 이는 중화점에서부터 추가된 H^+이다. 즉, 중화점까지 넣어 준 H^+의 양은 $(150-60)=90\,\mathrm{mmol}$이고, $H_2A\,(aq)$ $18\,\mathrm{mL}$를 첨가했을 때 중화점이다.

중화점 전까지는 $H_2A\,(aq)$을 투입해도 전체 양이온의 양은 일정하다. $H_2A\,(aq)$을 각각 $10\,\mathrm{mL}$, $18\,\mathrm{mL}$ 첨가했을 때, 전체 양이온 수는 같고, 양이온의 몰 농도 합은 $6:5$이므로, 혼합 용액의 부피는 $5:6$이다. 따라서 V에 대한 비례식을 세우면 다음과 같다.
$V+10:V+18=5:6=40:48$ $\therefore V=30$이다.

$H_2A\,(aq)$을 $10\,\mathrm{mL}$ 첨가할 때, 전체 양이온의 양 즉, Na^+의 양은 $240x\,\mathrm{mmol}$이다. P에서 전체 양이온의 양은 $(6x\times 60)\,\mathrm{mmol}$이고, 이는
Na^+의 양 + H^+의 양이다. 따라서 x는 다음과 같이 구할 수 있다.
$360x=240x+60$ $\therefore x=\dfrac{1}{2}$이다.

$\therefore x\times V=\dfrac{1}{2}\times 30=15$

---

20. 정답 ①

Ⅰ과 Ⅱ에서 반응한 $A\,(s)$의 질량이 같으므로, 생성된 $C\,(s)$의 질량도 동일하다. 반응 후 $\dfrac{C의\ 질량}{B의\ 질량}$이 Ⅰ:Ⅱ$=21:8$이므로, 반응 후 $B\,(g)$의 질량은 $=8:21$이다. Ⅰ과 Ⅱ에서 반응한 $B\,(g)$의 질량을 $m_B\,\mathrm{g}$이라 하면, 반응 후 $B\,(g)$의 질량은 $(11w-m_B):(24w-m_B)=8:21$이고, $m_B=3w$이다.
Ⅰ과 Ⅱ에서 반응 후 남은 $B\,(g)$의 질량이 각각 $8w\,\mathrm{g}$, $21w\,\mathrm{g}$이므로, $C\,(s)$의 질량은 $56w\,\mathrm{g}$이다.
반응의 물질 중 기체는 $B\,(g)$와 $D\,(g)$이다. B와 D의 반응 계수가 3으로 같으므로, 반응 후 전체 기체의 부피는 반응 전 전체 기체의 부피와 같다. 반응 전 전체 기체의 부피는 $B\,(g)$의 부피이므로, 반응 후 전체 기체의 부피비는 Ⅰ:Ⅱ$=11:24$이고, 전체 기체의 밀도는 $35:22$이므로, 반응 후 전체 기체의 질량비는 Ⅰ:Ⅱ$=35:48$이다.
Ⅰ과 Ⅱ에서 생성된 $D\,(g)$의 질량을 $m_D\,\mathrm{g}$이라 하여 m_D에 대한 전체 기체에 대한 비례식을 세우면 다음과 같다.
$(8w+m_D):(21w+m_D)=35:48$ $\therefore m_D=27w$
따라서 Ⅰ과 Ⅱ에서 생성된 $D\,(g)$의 질량은 $27w\,\mathrm{g}$이다.

반응 질량비, 반응 몰비를 이용해 화학식량비를 구하면 다음과 같다.

	A	B	C	D
반응 질량비	80	3	56	27
반응 몰비	1	3	2	3
분자량 (화학식량)비	80	1	28	9

$\therefore x=80$이다.

$\therefore x\times\dfrac{B의\ 분자량}{C의\ 화학식량}=80\times\dfrac{1}{28}=\dfrac{20}{7}$